Dr. Ing. VICTOR ROGELIO TIRADO PICADO

"Hidrología Avanzada aplicada a las condiciones de Nicaragua"

Caso Rio Grande de Matagalpa Cuenca 55

"Advanced Hydrology applied to the conditions of Nicaragua"

Case of Big River of Matagalpa Basin 55

FACULTAD DE CIENCIAS E INGENIERIAS

DEPARTAMENTO DE CONSTRUCCION

MANAGUA, NICARAGUA SEPTIEMBRE 2011

Email: victornica2001@yahoo.com

Fecha de realización: Managua septiembre del 2011

Número de Control de la Biblioteca del Congreso de EE. UU.:		2017904865
ISBN:	Tapa Dura	978-1-5065-1980-7
	Tapa Blanda	978-1-5065-1982-1
	Libro Electrónico	978-1-5065-1981-4

Información de la imprenta disponible en la última página.

Fecha de revisión: 17/05/2017

Para realizar pedidos de este libro, contacte con:
Palibrio
1663 Liberty Drive
Suite 200
Bloomington, IN 47403
Gratis desde EE. UU. al 877.407.5847
Gratis desde México al 01.800.288.2243
Gratis desde España al 900.866.949
Desde otro país al +1.812.671.9757
Fax: 01.812.355.1576
ventas@palibrio.com
760049

A los colegas y alumnos

Presentación

Para la Facultad de Ciencias e Ingenierías de la UNAN-Managua, en especial el departamento de construcción, constituye de gran satisfacción que uno de su destacado catedrático universitario de nuestra Alma Mater, haga entrega a la sociedad de una obra cuidadosamente escrita, minuciosamente elaborada y con el propósito de que los estudiantes de ingeniería civil y el claustro de profesores dispongan de un texto de estudio y/o de un libro de consulta.

Al presentar este libro sobre "Hidrología Avanzada: Hidrología Avanzada aplicada a las condiciones de Nicaragua", escrito por el Phd. Ingeniero Víctor Rogelio Tirado Picado, profesor de la asignatura Hidrología en la Facultad de Ciencias e Ingenierías de la UNAN-Managua, no solamente cumplió con la generosa petición del autor si no también con el deseo personal de enaltecer la producción editorial universitaria, pues el refleja el compromiso en la formación de las nuevas generaciones. Felicitaciones muy sinceras al ingeniero Tirado, y enhorabuena al pueblo nicaragüense e ingenieros.

Managua, Nicaragua 2011.

MSc. Francisco Guzmán Pasos

Rector (1994-2010)

Dedicatoria

La presente obra es dedicada muy especialmente a Dios nuestro Padre creador Celestial, y a nuestro señor Jesús Cristo, que me han sabido guiar por el camino correcto, y me han enseñado a enfrentar los obstáculos de manera inteligente y prudente sin caer en tentación y malos prejuicios.

De igual manera consagro el trabajo a aquellas personas que con mucho esfuerzo y dedicación han abonado de manera positiva con los descubrimientos e investigaciones, al desarrollo de la humanidad, y que juntos son fuente de inspiración.

Y finalmente, dedico esta labor a todos los colegas y alumnos, ya que será de mucha utilidad, y de mucho interés a seguir por el camino de la investigación de este tipo, y tratándose de un trabajo que aporta al desarrollo, será de ejemplo para otros en la continuación de la búsqueda del conocimiento.

Agradecimiento

Primeramente, agradecimiento a Dios y nuestro Señor Jesús Cristo, que me han dado el pan del saber y valorar el conocimiento como parte del desarrollo integral de la humanidad. Gracias.

Manifiesto mi agradecimiento a mi mama quien ha sido una persona que ha sabido inducir a este simple mortal por el sendero luminoso para alcanzar los objetivos y metas de mi vida, quien a pesar de su enfermedad ha dejado rastro de la gran Fe que tiene para seguir educándome, y quien sin basilar me ha dado todo lo mejor que una persona desea tener, y que es el tener el mayor tesoro que puede existir en el universo, "El conocimiento". Gracias Doña Beatriz Picado (Mirna).

Mi agradecimiento a mis hijos Dafned Itziar Tirado Flores, Víctor Manuel Tirado Flores, Alexis Fernando Tirado y Carlos Alejandro Tirado, quienes son la fuente de inspiración y sirvo como ejemplo de superación. Les deseo todos los éxitos en sus vidas.

A los seres queridos Magaly del Carmen Peña Sosa (mi esposa), quien aprendió que el conocimiento es producto del amor, y mi familia materna, amigos y compañeros de trabajo. Sigan cosechando conocimientos.

A mi comandante presidente de la Republica de Nicaragua, Daniel Ortega Saavedra, quien es llamado por madre (Mirna) Hermano, gracias por el apoyo incondicional en todo los momentos en de mi formación profesional. Muy agradecido.

Al Instituto Nicaragüense de Estudios Territorial (INETER), por la colaboración en el suministro de datos e imágenes y mapas. Muy agradecido.

Y por supuesto, no puedo olvidar a mi casa hogar la Universidad Nacional Autónoma de Nicaragua, Managua (UNAN-Managua), Alma Mater que me abrió las puertas de la superación y del conocimiento, me abrió la puerta de la oportunidad, sin ella no estaría escribiendo estos párrafos de ánimos, sé que este trabajo servirá para las próximas generaciones. Gracias UNAN-Managua

Prologo

Estos apuntes han sido concebidos con el principal propósito de complementar los textos ordinarios de la Hidrología. Se basa en la convicción de los autores de que el esclarecimiento y comprensión de los principios fundamentales de cualquier rama de la Hidrología se obtiene mejor mediante numerosos casos de estudios ilustrativos adoptado a la realidad nicaragüense.

Esta primera edición contiene cuatro capítulos, en la cual recoge los conceptos, métodos y terminología más reciente para establecer un buen estudio en lo que respecta a una cuenca hidrológica.

La materia se divide en unidades que abarcan áreas bien definidas de teoría y estudio. Cada unidad se inicia con el establecimiento de las definiciones pertinentes, principios y teoremas junto con el material ilustrativo y descriptivo, al que sigue una serie de casos desarrollados. Los casos desarrollados ilustran y amplían la teoría, presentan métodos de análisis, se proporcionan ejemplos de estudio e iluminan con aguda perspectiva aquellos aspectos de detalle que capacitan al estudiante para aplicar los principios fundamentales con corrección y seguridad. Entre los casos de estudios se incluyen normas criterios de estudios y aplicaciones de ecuaciones. El establecimiento de los casos asegura un repaso completo del material de cada capítulo.

Los alumnos de la carrera de ingeniería civil e ingeniería agrícola reconocerán la utilidad de estos apuntes al estudiar la Hidrología y, adicionalmente, aprovecharán la ventaja de su posterior empleo como apuntes de referencia en su práctica profesional. Encontrarán soluciones muy detalladas de numerosos casos prácticos y, cuando lo necesiten, podrán recurrir siempre al resumen de teoría. Así mismo, los apuntes pueden servir al ingeniero profesional que ha de recordar esta materia cuando es miembro de un tribunal examinador o por cualesquiera otras razones.

Deseosos que encuentren agradable la lectura de estos apuntes y que les sirva de eficaz ayuda en sus estudios de la Hidrología. Agradeceremos con sumo gusto sus comentarios, sugerencias y críticas a la obra.

ABREVIATURAS

IDF	Intensidad Duración Frecuencia
INETER	Instituto Nicaragüense de Estudios Territoriales
OMM	Organización Meteorológica Mundial
USGS0	Servicio Geológico de los Estados Unidos
NAO	La Oscilación del Atlántico Norte
ONI	Índice Oceánico: El Niño

LISTA DE PRINCIPALES SIMBOLOS

α: Alfa. Parámetros de la Distribución de Gumbell. Nivel de significancia

β: Beta. Parámetros de la Distribución de Gumbell

X: X barra. Media aritmética.

S: Desviación Estándar

e: estimación. Función Exponencial

Δ máx.: Delta máximo. Valor de estadístico de "Smirnov – Kolmogorov

Δ crítico: Delta Crítico. Valor de estadístico de "Smirnov – Kolmogorov

Σ: sumatoria

LISTA DE FIGURAS

LISTA DE TABLAS

LISTA DE PALABRAS CLAVES

Cuenca, precipitación, estaciones meteorológicas, intensidad

RESUMEN

Con el propósito de aportar al desarrollo de disciplinas como la Hidrología, se presenta este documento con explicación de casos prácticos y aplicables en el área de ingeniería civil en el entorno de Nicaragua. Que consiste en cuatro capítulos o acápites que siguen el orden descrito a continuación:

Capítulo I: Introducción a la Hidrología

Capítulo 2: Características físicas de una cuenca hidrográfica

Capítulo 3: Análisis Estadístico

Capítulo 4: Aplicación de la hidrología.

En la introducción se habla de conceptos fundamentales como el ciclo hidrológico, la meteorología, hidrometría, el objetivo de la Hidrología, los factores climáticos observados fundamentales en el estudio hidrológico, instrumentos utilizados para la toma de datos, tipos de estaciones, cantidad de estaciones ubicadas en Nicaragua específicas para cada vertiente y la situación de la red meteorológica e hidrométrica del país.

Se trabajó específicamente con la Subcuenca del río Grande de Matagalpa parte Alta, con información brindada por INETER, para determinar las características físicas de la cuenca, esta subcuenca pertenece a la vertiente del Atlántico del país. Las características físicas dependen de la morfología (forma, relieve, red de drenaje, etc.), los tipos de suelos, la capa vegetal, la geología, las prácticas agrícolas de la zona; se muestra la memoria de cálculo, obteniendo las gráficas de la curva hipsométrica y de frecuencia de la subcuenca y luego se compara con el método del rectángulo equivalente. Además, se incluyen mapas de la cuenca estudiada.

La estadística es una de las ciencias en las que se basa la Hidrología por lo que es necesario aplicarla en el cálculo de datos faltantes de precipitaciones con estaciones índices y la estación a la que se requiere calcular los datos faltantes, entre esas estaciones se mencionan las siguientes: Dario, Hacienda San Francisco, La Labranza, San Dionisio, Matagalpa, Jinotega; que pertenecen a la subcuenca en estudio Río Grande de Matagalpa parte Alta.

Finalmente se desarrolla la elaboración de las curvas intensidad duración frecuencia IDF de la estación Jinotega de la Cuenca Río Grande de Matagalpa, mediante los datos proporcionados por INETER, las cuales son útiles para determinar caudal para proyectos específicos mediante el método racional en el cual se explica su aplicación para un sistema de drenaje superficial, realizando también los Hidrogramas sintéticos y la aplicación del método de transito avenidas para cuencas y obteniendo con estos métodos el caudal de diseño útil para el desarrollo de proyectos ingenieriles.

Se refleja la relación que existe entre la hidrología y la hidráulica, ya que para diseños hidráulicos se requiere un estudio o análisis hidrológico de la zona donde se requieren construir obras hidráulicas.

SUMMARY

In order to contribute the development of disciplines like Hydrology, this document with explanation of practical and applicable cases in the area of civil engineering at the surroundings of Nicaragua shows up. That it consists in four chapters or paragraphs that follow the order described from now on:

Chapter I: Introduction to Hydrology

I surrender 2: Physical characteristics of a drainage area

I surrender 3: Statistical analysis

I surrender 4: Application of hydrology.

In the introduction speaks him of fundamental concepts like the cycle hydrological, meteorology, hydrometry, the objective of Hydrology, the climatic observed fundamental factors in the study hydrologic, instruments utilized for the overtaking of data, specific types of stations, quantity of stations located in Nicaragua for each spring and the situation of the meteorological net and hydrometric of the country.

INETER, in order to determine the physical characteristics of the basin, worked with the Sub-Basin of Matagalpa's Big River Tall part itself specifically, with offered information this sub-basin belongs to the spring of the Atlantic of the country. The physical characteristics depend on morphology (form, relief, drainage system, etc.), The types of grounds, the vegetable cape, the geology, the agricultural practices of the zone; The memory of calculation is shown, getting the graphs from the curve hypsometrical and of frequency of the sub-basin and next you compare with the method of the equivalent rectangle. Besides they include the studied basin's maps.

Statistics is an one belonging to the sciences she has a base in the Hydrology for what he is necessary applying over the calculus of missing data of precipitations with stations index and the following mention the station one requires to calculate the missing data to, between those stations themselves: Dario, Hacienda San Francisco, La Labranza, San Dionisio, Matagalpa, Jinotega; that they belong to the sub-basin under consideration the Big Matagalpa's River splits Tall.

Finally intensity develops the elaboration of the curves itself duration frequency IDF of the station Jinotega of the Big Basin Río of Matagalpa, by means of the data provided by INETER, which are useful for determining flow intensity for specific intervening projects the rational method in which his application for a superficial drainage system is explained, selling off the synthetic Hidrogramas also and the application of the method in transit brought to an agreement for basins and getting with these methods the flow intensity from useful design for the development of projects of engineering.

The relation that exists between hydrology and hydraulics, since for hydraulic designs hydrological of the zone where the aforementioned works require being built requires a study or analysis itself is reflected.

CAPITULO 1

INTRODUCCIÓN A LA HIDROLOGÍA

"La calidad de la educación superior, alcanza el cambio de paradigmas de los pueblos de América Latina por ser cada día una mejor sociedad"

Victor R. Tirado Picado

1.1. Definición y Objeto de la Hidrología

Hidrología del griego "hydor": agua y "logos": tratado.

Según Aparicio, f (1992) [1], "Existen varias definiciones de hidrología, pero la más completa es quizás la siguiente: Hidrología es la ciencia natural que estudia al agua, su ocurrencia, circulación y distribución en la superficie terrestre, sus propiedades químicas y físicas y su relación con el medio ambiente, incluyendo a los seres vivos".

En la ingeniería se estudia la hidrología que corresponde al diseño y operación de proyectos para el control y aprovechamiento del agua.

El ingeniero que se ocupa de proyectar, construir o supervisar el funcionamiento de instalaciones hidráulicas debe resolver numerosos problemas prácticos de muy variado carácter. Por ejemplo, se encuentra con la necesidad de diseñar puentes, estructuras para el control de avenidas, presas, vertedores, sistemas de drenaje para poblaciones, carreteras y sistemas de abastecimiento de agua. Sin excepción, estos diseños requieren de análisis hidrológicos cuantitativos para la selección del evento de diseño necesario.

El objetivo de la hidrología es la determinación de esos eventos, que son similares a las cargas de diseño en el análisis estructural, como un ejemplo de la ingeniería civil. Los resultados son normalmente sólo estimaciones, con aproximación limitada en muchos casos y burda en algunos otros. Sin embargo, estas estimaciones rara vez son menos aproximadas que las cargas usadas en el análisis estructural o el volumen de tráfico en carreteras.

En la fase de planeación y diseño, el análisis se dirige básicamente a fijar la capacidad y seguridad de estructuras hidráulicas.

---

[1] Aparicio, F. (1992). *Fundamentos de Hidrología de Superficie*. México: Editorial LIMUSA S.A de C.V

La hidrología también juega un papel importante en la operación efectiva de estructuras hidráulicas, especialmente aquellas que se destinan a la generación de energía y control de avenidas, donde se requiere con frecuencia de pronóstico de avenidas y sequías.

1.2. El Ciclo Hidrológico

Se considera el concepto fundamental de la hidrología. De las muchas representaciones que se pueden hacer de él, la más ilustrativa es quizás la descriptiva (véase figura 1).

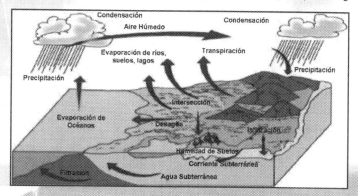

Figura 1: Ciclo Hidrológico

Fuente: Fuente: Elaboración propia. (2011). Ciclo Hidrológico. Nicaragua: Editado por el autor.

Como todo ciclo, el hidrológico no tiene ni principio ni fin; y su descripción puede comenzar en cualquier punto. El agua que se encuentra sobre la superficie terrestre o muy cerca de ella se evapora bajo el efecto de la radiación solar y el viento. El vapor de agua, que así se forma, se eleva y se transporta por la atmósfera en forma de nubes hasta que se condensa y cae hacia la tierra en forma de precipitación.

Durante su trayecto hacia la superficie de la tierra, el agua precipitada puede volver a evaporarse o ser interceptada por las plantas o las construcciones, luego fluye por la superficie hasta las corrientes o se infiltra.

El agua interceptada y una parte de la infiltrada y de la que corre por la superficie se evapora nuevamente. De la precipitación que llega a las corrientes, una parte se infiltra y otra llega hasta los océanos y otros grandes cuerpos de agua, como presas y lagos. Del agua infiltrada, una parte es absorbida por las plantas y posteriormente es transpirada, casi en su totalidad, hacia la atmósfera y otra parte fluye bajo la superficie de la tierra hacia las corrientes, el mar u otros cuerpos de agua, o bien hacia zonas profundas del suelo (percolación) para ser almacenada como agua subterránea y después aflorar en manantiales, ríos o el mar.

1.3. Hidrología de Nicaragua

Nicaragua está dividido en dos grandes regiones hidrográficas: la vertiente del Pacífico con una extensión de 12, 183 km^2, que representan el 9% del territorio nacional y la vertiente del Atlántico con un área de 117, 420 km^2, equivalentes al 91% de la superficie del territorio nacional.

Los ríos de la vertiente del Pacífico, constituyen el drenaje superficial de 8 cuencas hidrológicas pequeñas, cuyos ríos no exceden los 80 km de longitud, con excepción del río estero Real con 138.5 km de longitud. En la mayoría se trata de los ríos intermitentes con un régimen irregular y caudal de nivel muy reducido.

Los ríos de la vertiente del Atlántico, son de largo recorrido y se distribuyen en 13 cuencas relativamente grandes, con un régimen caudaloso y permanente. Los cursos inferiores de la mayoría de estos son navegables con influencia de las mareas del Mar Caribe cuyos efectos, en varios casos, alcanza varios kilómetros de aguas arriba de la desembocadura.

Se debe hacer énfasis a los dos lagos de Nicaragua el Xolotlán o Lago de Managua, con una superficie de 1, 040 km^2 y el Cocibolca o Lago de Nicaragua, con una extensión superficial de 8, 200 km^2.

También cuenta con dos pequeños lagos artificiales construidos con fines hidroeléctricos y de riego, Apanás con 51 km² y Las Canoas de 18 km². Existen varias lagunas de origen volcánico, tales como: las lagunas de Masaya, Nejapa, Apoyo, Xiloá, Apoyeque, Tiscapa, Asososca y Acahualinca.

1.4. Meteorología

1.4.1. Definición

Del griego, meteoros (alto), logos (tratado).

Es el estudio de los fenómenos atmosféricos y de los mecanismos que producen el tiempo, orientado a su predicción.

De acuerdo a INETER[2] "Estos fenómenos atmosféricos o meteoros pueden ser: aéreos, como el viento, acuosos, como la lluvia, la nieve y el granizo, luminosos, como la aurora polar o el arco iris y eléctricos, como el rayo."

Los factores climáticos fundamentales en el estudio y la predicción del tiempo son: la presión, la temperatura y la humedad.

La temperatura, sometida a numerosas oscilaciones, se halla condicionada por la latitud y por la altura sobre el nivel del mar. La presión atmosférica, variable también en el transcurso del día, es registrada en los mapas meteorológicos mediante el trazado de las isobaras o puntos de igual presión, que permiten identificar los centros de baja presión o borrascas, cuya evolución determina en gran parte el tiempo reinante.

El lugar en donde se realiza la evaluación de uno o varios elementos meteorológicos se denomina regularmente Estación Meteorológica.

---

[2] Instituto de Nicaragüense de Estudios Territoriales (INETER). *Catálogo de Estaciones Meteorológicas de Nicaragua.* Dirección de Meteorología.

1.4.2. Generalidades

La meteorología utiliza instrumentos esenciales, como el barómetro, el termómetro y el higrómetro, para determinar los valores absolutos, medios y extremos de los factores climáticos. Para el trazado de mapas y la elaboración de predicciones es fundamental la recogida coordinada de datos en amplias zonas, lo que se realiza con la ayuda de los satélites meteorológicos.

La Organización Meteorológica Mundial (OMM) [3] establece: "cada país miembro debe llevar una lista de las estaciones meteorológicas, conteniendo un conjunto de información sobre cada estación como: nombre de la estación, categoría de la estación, coordenadas geográficas de la estación, altitud de la estación, instalación de los instrumentos, nivel al que se refieren los datos de presión".

En Nicaragua el organismo técnico científico responsable de la investigación, inventario y evaluación de los recursos físicos del territorio nacional y la planificación física para el ordenamiento del espacio geográfico es el Instituto de Nicaragüense de Estudios Territoriales (INETER).

El Instituto Nicaragüense de Estudios Territoriales fue creado mediante el (Decreto Ejecutivo No. 830)[4], donde se incorpora al INETER el antiguo Instituto Geográfico Nacional, el Instituto de Investigaciones Sísmicas y el Servicio Meteorológico Nacional.

Para darle mayor fortaleza al Instituto, se creó la Ley 290 que, "transforma al INETER en un ente de gobierno descentralizado, con autonomía funcional, técnica y administrativa, personalidad jurídica y patrimonio propio, vinculado jerárquicamente a la Presidencia de la República.

---

[3] Organización Meteorológica Mundial (OMM).*Reglamento Técnico* (OMM N49).
[4] Asamblea Nacional de la República de Nicaragua. (1981). *Decreto No 830*. Publicada en la Gaceta Diario oficial No. 224 de 26 de octubre de 1981.

Esto aceleró el desarrollo de la Institución, reconociendo su carácter multisectorial y multidisciplinario, que no podía estar adscrita a un Ministerio en particular"[5].

1.4.3. Situación actual de la Red Nacional de Estaciones Meteorológicas

"INETER ha organizado cinco direcciones técnicas operativas: La dirección de Geodesia y Cartografía, La Dirección de Meteorología, La Dirección de Recursos Hídricos, La Dirección de Geofísica y La dirección de Planificación Territorial, así como la unidad de Riesgos Naturales"[6].

La Dirección de Meteorología a su vez está constituida por tres departamentos denominados Red Meteorológica: Meteorología Sinóptica y Aeronáutica, Aplicaciones y Servicios Meteorológicos.

En 1997 INETER reporto que Nicaragua ha contado con 364 estaciones activas, que involucran 20 Estaciones Principales, 3 Agrometeorológicas, 15 Climatológicas, 1 de aire superior, 1 de radio viento, 4 Pluviográficas y 320 Pluviométricas.

En los últimos años los esfuerzos de rehabilitación, fortalecimiento y ampliación de las redes, se han llevado a cabo; fundamentalmente con el apoyo del Proyecto de Rehabilitación y Mejoramiento de los Servicios Meteorológicos e Hidrológicos del Istmo Centroamericano (PRIMSCEN).

Se ha recibido apoyo de organismos no gubernamentales, así como de instituciones del Estado, y de un sector de la empresa privada que está directamente vinculado con la actividad agropecuaria, y esto ha permitido alcanzar resultados satisfactorios en cuanto a la operatividad y explotación de la Red Meteorológica Nacional.

---

[5] Asamblea Nacional de la República de Nicaragua. (1998). *Ley 290*. Publicada en la Gaceta Diario oficial No. 102 de 03 de junio de 1998.

[6] Instituto de Nicaragüense de Estudios Territoriales (INETER). *Catálogo de Estaciones Meteorológicas de Nicaragua*. Dirección de Meteorología.

De las 425 estaciones que dispone el INETER, sólo se recupera información de forma telemétrica, de unas 40 estaciones aproximadamente. Esto indica que para recuperar información de las estaciones restantes, hay que hacer visitas directas al sitio lo que hace más complejo y costoso el trabajo.

De acuerdo a INETER (2010)[7]:
Hacen falta estaciones de medición. El área Caribe está descubierta, en el pacífico hacen falta estaciones.

Hace falta reorganizar la red de estaciones para hacer un uso más eficiente de las mismas y puedan ser más representativas de los microclimas donde se toman las mediciones.

El presupuesto brinda la posibilidad de hacer mantenimiento de las estaciones existentes 2 veces al año.

En el aspecto tecnológico, es necesario invertir en sistemas de base de datos para poder hacer más eficiente el almacenamiento, el procesamiento y la recuperación de los datos y aumentar el número y calidad de las estaciones para mejorar la captura.

1.4.4. Red Meteorológica Nacional

La Red Meteorológica de Nicaragua está conformada por estaciones de diferentes tipos o categorías, las cuales están clasificadas de acuerdo con el Reglamento Técnico de la Organización Meteorológica Mundial.

Las estaciones meteorológicas están ubicadas por cuencas hidrográficas (Ver anexo 1) pertenecientes a las vertientes del Atlántico y Pacífico de Nicaragua como se indica en las tablas 1 y 2.

---

[7] Instituto Nicaragüense de Estudios Territoriales (INETER), (2010). *Plan de negocios para la dirección de Meteorología del INETER.* Nicaragua

Vertiente del Atlántico

Cuenca No	Nombre de la cuenca Río Principal	Área Km^2	Precipitación media (mm/a)	No de Estaciones	Densidad Nominal
45	Río Coco	19, 969.00	1, 932	56	1 Est.* c/363.1 Km^2
47	Río Ulag	3, 777.40	2, 733	7	1 Est.* c/539.6 Km^2
49	Río Wawa	5, 371.98	2, 819	3	1 Est.* c/179.06 Km^2
51	Kukalaya	3, 915.17	3, 009	2	1 Est.* c/1957.6 Km^2
53	Prinzapolka	11, 297.38	2, 661	15	1 Est.* c/753.2 Km^2
55	Río Grande de Matagalpa	18, 450.00	2, 218	69	1 Est.* c/267.4 Km^2
57	Río Kurinwas	4, 456.76	3, 096	3	1 Est.* c/1485.6 Km^2
59	Entre Kurinwas/Escondido	2, 034.20	3, 625	1	1 Est.* c/2034.2 Km^2
61	Río Escondido	11, 559.67	2, 808	44	1 Est.* c/262.7 Km^2
63	Entre Escondido/Punta Gorda	1, 458.96	4, 312	1	1 Est.* c/1458.2 Km^2
65	Río Punta Gorda	2, 867.42	4, 082	5	1 Est.* c/573.4 Km^2
67	Entre Punta Gorda y Río San Juan	2, 228.86	4, 938	0	0 Est.* c/ Km^2
69	Río San Juan de Nicaragua	29, 824.00	1, 860	183	1 Est.* c/163.9 Km^2

Tabla 1: Estaciones Meteorológicas de la Vertiente del Atlántico. Nicaragua.
Fuente: Catalogo de Estaciones Meteorológicas de Nicaragua. INETER.

Vertiente del Pacifico

Cuenca No	Nombre de la cuenca Río Principal	Área Km^2	Precipitación media (mm/a)	No de Estaciones	Densidad Nominal
58	Río Negro	1, 424.37	1, 485	7	1 Est.* c/203.5 Km^2
60	Río Estero Real	3,703.83	1, 610	25	1 Est.* c/148.1 Km^2
62	Entre Río estero Real y volcán Cosigüina	429.00	1, 925	4	1 Est.* c/102.2 Km^2
64	Volcán Cosigüina y Río Tamarindo	2, 947.85	1, 486	51	1 Est.* c/57.8 Km^2
66	Río Tamarindo	317.62	1, 451	2	1 Est.* c/158.8 Km^2
68	Entre Río Tamarindo y Río Brito	2, 769.69	1, 585	31	1 Est.* c/89.3 Km^2
70	Río Brito	269.93	1, 625	1	1 Est.* c/269.93 Km^2
72	Entre Río Brito y Río Sapoa	325.00	1, 925	2	1 Est.* c/234.2 Km^2

1.4.4.1. Tipos de Estaciones

a) Estaciones Hidrometeorológicas Principales

Son instalaciones donde se realizan observaciones de superficie a horas fijas, establecidas internacionalmente y se canalizan los datos de las mismas de inmediato, al Centro Meteorológico Nacional. Las observaciones se realizan cada tres horas, y los datos son enviados a través del sistema Mundial de Telecomunicaciones para su concentración, intercambio y distribución.

Los datos que se obtienen son: estado del tiempo, nubosidad, visibilidad, velocidad y dirección del viento, temperatura de aire, humedad, presión atmosférica, precipitación, evaporación, insolación, temperatura del suelo a varias profundidades (5, 10, 20, 30, 50 y 100 cm), radiación solar.

b) Estaciones Hidrometeorológicas Ordinarias

Son aquellas donde las observaciones se realizan con fines climatológicos, efectuando tres observaciones diarias, en Nicaragua se realizan a las 07:00, 13:00 y a las 18:00 horas tiempo local.

Los datos que se obtienen son: nubosidad, visibilidad, temperatura del aire, velocidad del viento, humedad, precipitación, temperatura mínima junto al suelo.

c) Estaciones Agrometeorológicas

Se ejecutan mediciones físicas de la atmósfera baja y de las capas superiores del suelo, se llevan registros de las actividades agrícolas, también se llevan datos de aves y del ganado (nacimiento, fases biológicas, pulso, tamaño, peso, enfermedades, etc.)

Las observaciones meteorológicas que se obtienen son: estado del tiempo, nubosidad, visibilidad, velocidad y dirección del viento, temperatura de aire, humedad, presión atmosférica, precipitación, evaporación, insolación, temperatura del suelo a varias profundidades, humedad del suelo.

Además, se obtienen datos de observaciones biológicas: características de los cultivos, rendimiento cualitativo y cuantitativo de los productos vegetales y animales, daños ocasionados en las plantas y animales, trabajos de campo y su calidad.

d) Estaciones Automáticas

Los instrumentos efectúan, transmiten o registran automáticamente las observaciones. Una de sus finalidades es facilitar datos de lugares de difícil acceso. En el país registran información cada dos minutos y la totalizan en cada hora.

Se obtienen datos como: viento, temperatura ambiente, temperatura vernón, humedad relativa y temperatura del punto de rocío, presión atmosférica, precipitación, evaporación, insolación, radiación directa, radiación difusa, temperatura del suelo a diferentes profundidades (20, 30 y 50 cm).

e) Estaciones de Observación en Altitud

Es una observación meteorológica efectuada en la atmósfera libre, de manera directa, o indirecta. Se utilizan globos pilotos, radio sondas, radio vientos y radio viento combinado o radio viento sonda.

En Nicaragua se realizan observaciones con globo piloto en la estación HMP de Managua, llevando a cabo dos lanzamientos diarios a las 06:00 Am y a las 06:00 Pm, en la estación Puerto Cabeza se realizan con radio sonda, un lanzamiento diario a las 06:00 Am.

Se obtienen los siguientes datos: temperatura del aire, presión atmosférica a distintas alturas, humedad relativa, velocidad y dirección de los vientos.

f) Estaciones Evapopluviográficas

Se realizan observaciones con fines climatológicos muy específicos, estas estaciones están dotadas con menos instrumentos que una estación hidrometeorológica ordinaria.

Las observaciones que se tienen son: nubosidad, visibilidad, precipitación y evaporación.

g) Estaciones Pluviográficas

Son las que están dotadas de pluviográfos, los cuales registran valores continuos de la precipitación y duración del fenómeno, además de la lluvia recogida en 24 horas o en una semana.

Incluye la determinación de un solo elemento, precipitación o valores de precipitación en tiempos determinados y la duración de estos fenómenos.

h) Estaciones Pluviotermométricas

Se realizan observaciones con fines climatológicos específicos, se realizan diariamente tres observaciones.

Se miden los siguientes parámetros: nubosidad, visibilidad, temperatura del aire, humedad calculando tensión del vapor, precipitación.

i) Estaciones Pluviométricas

Están dotadas solo de pluviómetros y se realiza comúnmente una sola observación, midiendo el agua precipitada o determinando la precipitación acumulada en 24 horas.

1.4.4.2. Elementos observados o determinados en una estación meteorológica

a) Nubosidad

Es la cantidad total de nubes, en octavos de cielo cubierto. Se obtiene un valor promedio, el cual corresponde a la media aritmética de los valores observados durante el día.

b) Presión atmosférica

Es la fuerza sobre unidad de superficie ejercida por la atmósfera en virtud de su peso, sobre una superficie dada; numéricamente es igual al peso de una columna vertical de aire, por encima de la sección de base unitaria, que se extiende hasta el límite superior de la atmósfera. Se utiliza el barómetro y el barógrafo (ver figura 2) que van instalados en la caseta de dicha estación, con un aislamiento casi completo de las corrientes de aire, cambios bruscos de temperatura y evitando la incidencia directa con los rayos solares, etc.

Figura 2: Barógrafo
Fuente: Elaboración propia. (2011). Barómetro. Nicaragua: editado por el autor.

c) Temperatura

Los valores son obtenidos de lecturas hechas a la sombra, en el abrigo meteorológico y termómetro ventilado artificialmente. Las temperaturas máximas y mínimas del aire se refieren a las lecturas directas de los termómetros de extremas. Todas las temperaturas se dan en grados centígrados, o Celsius (^{0}C) y decimos de grados, por ejemplo: 23.9 ^{0}C, 32.5 ^{0}C. La temperatura se mide con el instrumento llamado termómetro, (ver figura 3).

Figura 3: Termómetro o Psicrómetro
Fuente: Elaboración propia. (2011). Termómetro o Psicrómetro. Nicaragua: editado por el autor.

d) Índices de Humedad

En la atmósfera siempre hay vapor de agua, la cantidad varía para cada lugar y momento; es necesario conocer en qué proporción está presente en la mezcla de gases que constituyen el aire; utilizándose varios índices como los mencionados a continuación:

- ❖ Presión o tensión del vapor
- ❖ Humedad Relativa
- ❖ Punto de Rocío

e) Insolación

Es el brillo solar que se determina registrándose en heliógrafos Cambell Stokes, se expresa en total de horas diarias o mensuales. El heliógrafo puede instalarse sobre una base sólida a 1.50 m sobre el nivel del suelo, o bien sobre la terraza de la construcción de la estación, debiendo quedar orientado en la dirección norte sur y accesible a los rayos solares. (Ver figura 4).

Figura 4: Heliógrafo
Fuente: Elaboración propia. (2011). Heliógrafo. Nicaragua: editado por el autor.

f) Vientos

La velocidad del viento es una cantidad vectorial, que tiene dirección y magnitud. Esta medición se realiza por medio de un anemógrafo o anemocinemógrafo, la dirección se determina mediante una veleta y se expresa en decenas de grados (escala de 01 – 36); la velocidad del viento queda dada en km/hora o nudos.

Como la velocidad del viento cerca de la superficie del suelo varía con la altura y que está afectada por la topografía, u obstáculos; se recomienda establecer los anemógrafos ente 8 y 10 m del nivel del suelo. (Ver figura 5).

Figura 5: Anemógrafo
Fuente: Elaboración propia. (2011). Anemógrafo. Nicaragua: editado por el autor.

g) Precipitación

Para medir la precipitación se utiliza el Pluviómetro (figura 6 y 7) que es un recipiente cilíndrico metálico, abierto por su parte superior, en donde le aro rígido de la abertura define un área de captación de 200cm^2 y se instala de forma que la boca receptora quede a 1.50 m sobre el suelo. Al igual se utiliza el pluviógrafo que registra de forma continua las cantidades de precipitación caída; se obtiene la altura de la precipitación, la duración y la distribución de la lluvia en el tiempo.

Figura 6: Pluviómetro
Fuente: Elaboración propia. (2011). Pluviómetro.
Nicaragua: editado por el autor.

Figura 7: Pluviógrafo
Fuente: Elaboración propia. (2011). Pluviógrafo.
Nicaragua: editado por el autor.

h) Evaporación

Se obtienen valores de evaporación potencial determinada con Evaporímetro Piché (figura 8) a la sombra. La unidad de medida es en milímetros y corresponden a un período de 24 horas.

Figura 8: Evaporímetro Piché
Fuente: Elaboración propia. (2011). Evaporímetro Piché. Nicaragua: editado por el autor.

1.5. Hidrometría

1.5.1. Definición

La palabra hidrometría proviene del griego hydro 'agua' y metría 'medición'. Entonces, hidrometría significa 'medición del agua'.

Gran parte de los problemas de la administración del agua radica en la deficiencia de controles del caudal en los sistemas hidráulicos. La Hidrometría se encarga particularmente de medir, registrar, calcular y analizar los volúmenes de agua que circulan en una sección transversal de un río o arroyo, por lo que sus técnicas resultan útiles para la determinación de los caudales ecológicos que deben circular por dichos cauces naturales libres.

Ven Te chow, Maidment D (1994)[8], definen hidrometría como la parte de la hidrología que tiene por objeto medir el volumen de agua que pasa por unidad de tiempo dentro de una sección transversal de flujo o corriente.

---

[8] Ven Te Chow, Maidment D. (1994). *Hidrología Aplicada.* McGraw Hill.

La hidrometría, aparte de medir el caudal del agua circulante por una conducción libre (por gravedad) o forzada (a presión), comprende también el planear, ejecutar y procesar la información que se registra de un sistema de riego de una cuenca hidrográfica, o de un sistema urbano o industrial de distribución del agua. En este contexto, la hidrometría tiene dos propósitos generales[9]:

❖ Conocer el volumen de agua disponible en la fuente (hidrometría a nivel de fuente natural).

❖ Conocer el grado de eficiencia de la distribución del recurso (hidrometría de la operación).

1.5.2. Generalidades de la Hidrometría

La función principal de la hidrometría es proveer de datos oportunos y veraces que una vez procesados proporcionen información adecuada para lograr una mayor eficiencia en la programación, ejecución y evaluación del manejo del agua en un sistema.

El uso de una información ordenada permite:
Dotar de información para el ajuste del pronóstico de la disponibilidad de agua. Mediante el análisis estadístico de los registros históricos de caudales de la fuente (río, aguas subterráneas, etc.), no es posible conocer los volúmenes probables de agua que podemos disponer durante los meses de duración de la campaña agrícola. Esta información es de suma importancia para la elaboración del balance hídrico, planificación de siembras y el plan de distribución del agua de riego.

---

[9] Condori H, (s.f). Hidrometría. Recuperado el 03 de agosto de 2011, de, http://www.eumed.net/libros/2009b/564/CONCEPTOS%20BASICOS%20SOBRE%20HI DROMETRIA.htm

Monitorear la ejecución de la distribución. La hidrometría proporciona los resultados que nos permiten conocer la cantidad, calidad y la oportunidad de los riegos; estableciendo si los caudales establecidos en el plan de distribución son los realmente entregados y sobre esta base decidir la modificación del plan de distribución, en caso sea necesario.

Además de los anteriormente la hidrometría nos sirve para determinar la eficiencia en el sistema de riego y eventualmente como información de apoyo para la solución de conflictos.

1.5.2.1. Sistema Hidrométrico

Es el conjunto de pasos, actividades y procedimientos tendientes a conocer (medir, registrar, calcular y analizar) los volúmenes de agua que circulan en cauces y canales de un sistema de riego, con el fin de programar, corregir, mejorar la distribución del agua. El sistema hidrométrico tiene como soporte físico una red hidrométrica.

1.5.2.2. Red Hidrométrica

Es el conjunto de puntos de medición del agua estratégicamente ubicados en un sistema de riego, de tal forma que constituya una red que permita interrelacionar la información obtenida.

1.5.2.3. Registro

Es la colección de todos los datos que nos permiten cuantificar el caudal que pasa por la sección de un determinado punto de control.

El registro de caudales y volúmenes de riego se ejecuta de acuerdo a las necesidades de información requeridas para la gestión del sistema. Los registros se efectúan en el momento de realizar el aforo o mediciones en miras o reglas, dependiendo del método de aforo.

Dependiendo de la ubicación del punto de control, los registros obtenidos son:

- Registro de los caudales en ríos de la cuenca hidrográfica.
- Registro de salidas de agua de los reservorios.
- Registro de caudales captados y que entran al sistema de riego.
- Registro de distribución de caudales de agua en canales del sistema de riego.
- Registro de caudales entregados para el riego en parcela.

Es el resultado del procesamiento de un conjunto de datos obtenidos, en el cual normalmente una secuencia de caudales medidos se convierte en un volumen por período mayor (m3/día, m3/mes, hm3/año, etc.).

1.5.3. Situación de la Red Hidrométrica Nacional

Cuenta con 54 estaciones en operación, de las cuales 36 son limnigráficas y 18 limnimétricas. Con esta res únicamente se observan 7 cuencas hidrográficas y de forma parcial, pues en ellas no se han podido reinstalar todas las estaciones de interés hidroeléctrico y de monitoreo del recurso, como sucede en los ríos Coco, Río Grande de Matagalpa y Tuma, en sus cuencas medias e inferiores, y toda la cuenca del Prinzapolka. (Tabla 3).

Estaciones Hidrométricas de Nicaragua

Código	Nombre de la estación	Río/afluente	Tipo	Elevación msnm	Área de drenaje km²	Departamento
45-01-01	Guanás	Coco	LGF	350.00	5, 510.85	Nueva Segovia
45-01-03	Corriente Lira	Coco	LGF	306.00	6, 843.55	Jinotega
45-03-01	Antioquía	Pantasma	LGF	860.00	66.42	Jinotega
45-04-01	La Pavona	Gusanera	LMT	570.00		Jinotega
55-01-02	Paiwas	Grande de Matagalpa	LGF	120.00	6499.60	Matagalpa
55-01-03	Sébaco	Grande de Matagalpa	LGF	482.46	425.78	Matagalpa
55-01-04	Trapichito	Grande de Matagalpa	LGF	199.86	3922.30	Boaco
55-01-05	Esquipulas II	Grande de Matagalpa	LGF	289.45	1704.40	Matagalpa

55-02-02	Yasica	Tuma	LGF	320.00	299.50	Matagalpa
55-02-03	Los Encuentros	Tuma	LGF	313.00	1032.80	Matagalpa
55-02-12	El Arenal	Tuma	LGF	960.00		Jinotega
55-03-01	Jigüina	Jigüina	LGF	962.00	171.10	Jinotega
55-03-02	Tomatoya	Sn. Gabriel	LGF	980.00	102.60	Jinotega
55-03-06	Hacienda Sn. Juan	Jigüina	LMT	920.00		Jinotega
55-03-07	La Parranda	Jigüina	LMT	1100.00		Jinotega
55-03-09	Puente	Sajonia	LMT	1200.00		Jinotega
55-04-01	Yasica	Yasica	LMT	320.00	220.80	Matagalpa
61-01-02	Piedra fina	Plata	LGF	40.00	898.40	Zelaya
61-01-04	Valentín	Rama	LGF	40.00	996.87	Zelaya
61-01-05	Rama II	Escondido	LGF	40.00		Zelaya
61-03-04	Salto Grande II	Siquia	LGF	15.70		Zelaya
66-01-01	Tamarindo	Tamarindo	LGF	10.00	205.52	León
68-01-01	El contrabando	Soledad	LGF	40.00	301.00	León
68-01-04	El horizonte	Grande	LMT	90.00	91.30	Carazo
68-01-05	Nuevo amanecer	Junta	LMT	90.00	46.30	Carazo
68-02-02	Gutiérrez Norte	Jordán	LMT	90.00	35.71	Managua
68-02-03	San Rafael	Jesús	LMT	90.00	8.32	Managua
69-01-02	El Castillo	San Juan	LGF	26.00	32818.80	Río San Juan
69-01-12	Loma del Gallo	San Juan	LGF	30.40		Río San Juan
69-01-13	Portuaria Sn. Carlos	San Juan	LMT	30.62		Río San Juan
69-02-05	Tamagás	Lago de Managua	LGF	37.50	1005.60	Managua
69-03-01	Hacienda Sn. Juan	Tipitapa	LMT	35.00	6013.90	Mangua

69-03-02	Paso Panaloya	Lago de Nicaragua	LGF	30.62	8155.00	Granada
69-03-09	Portuaria Sn. Miguelito	Lago de Nicaragua	LMT	30.62	8155.00	Río San Juan
69-05-04	Teustepe en Puente	Malacatoya	LMT	160.00	373.85	Boaco
69-06-02	Santa Ana	Viejo	LGF	597.00	360.60	Jinotega
69-06-03	La Lima	Viejo	LGF	471.13	854.50	Matagalpa
69-06-06	Las Mojarras	Viejo	LGF	92.05	1406.00	Managua
69-06-09	Puente Carretero	Viejo	LGF		900.40	Matagalpa
69-06-12	Calpules	Viejo	LMT	453.00		Jinotega
69-06-14	Desfogue I P.C.A	Canal	LGF	580.00		Jinotega
69-06-15	Aducción I P.C.A	Canal	LGF	720.00		Jinotega
69-06-16	Aducción II P.C.F	Canal	LGF	960.00		Matagalpa
69-06-17	Desfogue II P.C.F	Canal	LGF	430.00		León
69-07-01	El Jicaral II	Sinecapa	LMT	240.00	418.86	León
69-07-02	San José II	Sinecapa	LMT	47.38	1062.72	León
69-07-03	Cuatro Palos	Sinecapa	LGF	45.57		Managua
69-08-01	El Jicaral	Mayales	LGF	40.00	880.00	Chontales
69-09-03	El Sol	Guanacaste	LMT	140.00	6.43	Carazo
69-10-01	Santa Rosa	Acoyapa	LGF	60.00	290.00	Chontales
69-11-01	Pacora	Pacora	LGF	50.00	213.60	Managua
69-12-01	Paso de las Yeguas	Oyate	LGF	43.00	629.47	Río San Juan
69-13-02	Puente	Tepenaguazapa	LMT	40.00		Río San Juan
70-01-01	Miramar	Brito	LGF	10.00	249.30	Rivas

Tabla 3: Estaciones Hidrométricas de Nicaragua
Fuente: Instituto Nicaragüense de Estudios Territoriales (INETER). *Catálogo General de Estaciones Hidrométricas*. Dirección de Recursos Hídricos. Departamento de Hidrología Superficial. Managua, Nicaragua.

El primer par de dígitos indica el número de la cuenca hidrográfica donde se ubica la estación, si el segundo digito es impar (69) indican que estos ríos drenan hacia el Atlántico y si es par (68) drenan al Pacífico. El segundo par de dígitos indica las cuencas vecinas, el río principal, o los ríos tributarios. (00, 01, 02 - 49). Y el tercer digito el orden en que fueron construidas las estaciones (01, 02, 03).

❖ **Estaciones Limnigráficas (LGF)[10]**

Las mediciones son realizadas mediante representaciones graficas o tabuladas, de la variación de nivel de agua en función del tiempo, generada por el limnígrafo que es el instrumento que registra las variaciones de la altura del agua en los ríos y lagos con relación al tiempo. Ver figura 9.

Figura 9: Estación Hidrométrica Tamagás. Estación limnigráfica. Lago de Managua
Fuente: Elaboración propia. (2011). Estación Tamagás. Managua, Nicaragua: Editado por el autor.

---

[10] Instituto Nicaragüense de Estudios Territoriales (INETER). *Catálogo General de Estaciones Hidrométricas*. Dirección de Recursos Hídricos. Departamento de Hidrología Superficial. Managua, Nicaragua.

❖ **Estaciones limnimétricas (LMT)**[11]

Se efectúan las mediciones a través de una escala graduada llamada limnímetro utilizada para señalar la altura de la superficie de un río, lago, etc.

Dos proyectos financiados por la Unión Europea, que contribuyeron al avance de la red hidrométrica nacional.

El proyecto "Red Meteorológica Automática de Seguimiento a la Sequía en Tiempo Real" (Ver anexo 2), forma parte del "Programa Comunitario de Seguridad Alimentaría 1998, a favor del Sector Público Agropecuario y otras Instituciones Gubernamentales y se ha establecido a través de un Protocolo de Acuerdo de Cooperación Financiera no Reembolsable entre la Unión Europea y el Gobierno de Nicaragua.

Con el objetivo de general generar información meteorológica en las zonas más afectadas por la sequía y tener acceso a ésta en tiempo real, para prevenir y reducir los efectos desfavorables que este fenómeno provoca en la producción de granos básicos en los Departamentos de Nueva Segovia, Madriz, Estelí, Managua, Carazo, Rivas, León y Chinandega. Y fomentar el uso integral de la información meteorológica para el control y la evaluación de la gestión sostenible del agua y del suelo en las zonas secas, a fin de lograr la aplicación efectiva de planes nacionales contra la sequía en los principales departamentos productivos del país, en donde el tiempo y el clima son fundamentales para el impulso de las actividades agrícolas y pecuarias.

Con este proyecto se logró ampliar su distribución espacio temporal a través de la adquisición e instalación de 15 estaciones automáticas (ver anexo 2) dotadas de plataformas de transmisión de datos, una estación terrena para la recepción vía satélite, de la información generada por dichas estaciones y de 20 estaciones pluviométricas que transmiten datos por radios.

---

[11] Instituto Nicaragüense de Estudios Territoriales (INETER). *Catálogo General de Estaciones Hidrométricas*. Dirección de Recursos Hídricos. Departamento de Hidrología Superficial. Managua, Nicaragua.

Proyecto Programa Regional de Reconstrucción para América Central (ver anexo 3). Se estableció para Nicaragua el Proyecto de Fortalecimiento Institucional del INETER, a través de la Rehabilitación de la Red de Estaciones Hidrométricas y Meteorológicas, para con esto contribuir a la reducción de la vulnerabilidad de la población nicaragüense ante desastres; por lo que este proyecto ya adquirió 18 estaciones meteorológicas, de las cuales 12 son climatológicas con transmisión radial, 4 estaciones meteorológicas con transmisión satelital y 2 estaciones meteorológicas con transmisión radial, las cuales se instalaron en el tercer trimestre del año 2002.

El Instituto Nicaragüense de Estudios Territoriales (INETER) y el Servicio Geológico de los Estados Unidos (USGS), en cooperación con la Agencia de Desarrollo Internacional de los Estados Unidos (USAID), recientemente realizaron un Programa Hidrológico en Nicaragua como parte del esfuerzo de reconstrucción después del Huracán Mitch.

El componente principal del programa fue la instalación de "estaciones hidropluviométricas vía satélite" [12], en áreas claves cercanas a centros poblados de importancia económica. Como resultado de ese esfuerzo, en la cuenca estratégica del Río Escondido, ya está en operación una red de estaciones hidrométricas vía satélite. La red es parte del sistema de pronóstico que utiliza el modelo del National Weather Service de la Administración Nacional Oceanográfica y Atmosférica de los Estados Unidos (NOAA).

Las estaciones mantienen un registro continuo del nivel del río y de la cantidad de lluvia en el área. Los datos recolectados y transmitidos vía satélite al Centro NESDIS desde donde son retransmitidos a las computadoras en INETER. Las estaciones proveen información esencial para el pronóstico de inundaciones y para el manejo de recursos hídricos.

---

[12] Instituto Nicaragüense de Estudios Territoriales (INETER). *Boletín Informativo*. Recuperado el 03 de agosto de 2011 de,
http://webserver2.ineter.gob.ni/direcciones/recursohidricos/boletin/edanterior/bol32002/bol3pag2.html

Actualmente 15 estaciones hidrométricas vía satélite se operan en Nicaragua como parte del programa hidrológico.

1.5.4. Medición del caudal de agua

La medición del caudal o gasto de agua que pasa por la sección transversal de un conducto (río, riachuelo, canal, tubería) de agua, se conoce como "aforo o medición de caudales". Este caudal, como es sabido, depende directamente del área de la sección transversal a la corriente y de la velocidad media del agua en dicha sección.

La ecuación 1.1 es la que representa este concepto:

$$Q = A * V \qquad \textbf{(1.1)}$$

Dónde:

  Q: Caudal o Gasto (m^3/s.).

  A: Área de la sección transversal (m^2).

  V: Velocidad media del agua en el punto analizado (m/s.).

1.5.4.1. Métodos de Medición

Los métodos de aforo más utilizados son:

1. Velocidad y sección
2. Estructuras Hidráulicas
3. Método volumétrico
4. Método químico
5. Método combinado. Calibración de compuertas

1. Velocidad y sección

Los métodos de aforo basados con este método son los más empleados; se requiere medir el área de la sección transversal del flujo de agua y la velocidad media de este flujo. Ecuación 1.2.

$$V = Q / A \qquad \textbf{(1.2)}$$

Dónde:

  Q: caudal del agua.

  A: área de la sección transversal del flujo de agua.

  V: la velocidad media del agua.

El problema principal es medir la velocidad media en los canales o causes ya que la velocidad varía en los diferentes puntos al interior de una masa de agua.

Para la medición del agua existen varios métodos, siendo los más utilizados el método del correntómetro y el método del flotador.

2. Estructuras hidrométricas

Para la medición de caudales también se utilizan algunas estructuras intencionalmente construidas, llamadas medidores. Las estructuras que actualmente se usan se basan en los dispositivos hidráulicos son: Orificio, vertedero y sección crítica.

3. Método Volumétrico.

Se emplea por lo general para caudales muy pequeños y se requiere de un recipiente para colectar el agua. El caudal resulta de dividir el volumen de agua que se recoge en el recipiente entre el tiempo que transcurre en colectar dicho volumen. Ecuación 1.3.

$$Q = V / T \qquad (1.3)$$

Siendo:

Q: Caudal m^3 /s

V: Volumen en m^3

T: Tiempo en segundos

4. Método Químico

Consiste en incorporación a la corriente de cierta sustancia química durante un tiempo dado; tomando muestras aguas abajo donde se estime que la sustancia se haya disuelto uniformemente, para determinar la cantidad de sustancia contenida por unidad de volumen.

5. Calibración de Compuertas

La compuerta es un orificio en donde se establecen para determinadas condiciones hidráulicas los valores de caudal, con respecto a una abertura medida en el vástago de la compuerta.

Este principio es utilizado dentro de la operación normal de una compuerta; para la construcción de una curva característica, que nos permita determinar tomando como referencia la carga hidráulica sobre la plantilla de la estructura, cual es el gasto en litros por segundo que discurre por el orificio.

Sin embargo, al cambiar las condiciones hidráulicas del canal del cual están derivando, dan lugar a la variación de las curvas establecidas, razón por la cual es necesario establecer una secuencia de aforos para conocer cuál es el grado de modificación de la curva utilizada.

1.6. Índice climatológico

En esta parte se pretende definir las variables climáticas a considerar en el análisis, así como sus características estadísticas y sistemas de medición.

Las diferentes características de las variables climáticas contienen diferente información acerca de la naturaleza del cambio climático. Es necesario analizar tanto las características del clima actual del municipio y las proyecciones nacionales como las regionales y globales del cambio climático.

Los análisis dependen de la disponibilidad de estaciones meteorológicas, en este caso se utilizarán los datos proporcionados por las estaciones meteorológicas: Darío, Hacienda San Francisco, La Labranza y San Isidro, información monitoreada y proporcionada por el Instituto Nicaragüense de Estudios Territoriales (INETER), del período correspondiente a 1958-2013.

Así mismo la correlación, positiva o negativa entre varios índices utilizados por climatólogos y meteorólogos a través de teleconexiones para estudiar el tiempo, lo que permite un enlace entre los cambios del tiempo que ocurren en regiones separadas por grandes distancias del globo terráqueo, aplicado a la variabilidad en escalas de tiempo.

Estas teleconexiones a correlacionar nos proporcionan datos sobre: la Oscilación Ártica (AO), Oscilación del Atlántico Norte (NAO), Índice de Oscilación del Sur (SOI), Índice de Anomalía de la media mensual de la Temperatura de la superficie del mar (TSM) en el Atlántico tropical Norte, región 5.5° N - 23.5° N y 57.5° W - 15° W (TNA) y el Índice oceánico del NIÑO (ONI) tales índices serán utilizados para asociarlos con la lluvia, usando como marco de correlación los datos de Precipitación.

Luego se procederá a verificar si los datos de índice climatico y precipitación son ajustables a través del análisis de funciones de probabilidades hasta obtener la que mejor se ajuste, este será el indicador para posteriormente correlacionar las variables en estudio utilizando la función en la que mejor comportamiento presenten los datos, lo que permitirá encontrar los Mejores Estimadores Insesgados.

Estos resultados son importantes para el entendimiento de la dinámica micro-climática y de su pronóstico en el espacio y en el tiempo.

Una vez determinada la correlación entre las variables posteriormente utilizando los datos registrados de las estaciones meteorológicas mencionadas se utilizará alimentación hacia adelante con redes neuronales artificiales para el aprendizaje supervisado. La red neuronal a entrenar se utilizará para predecir condiciones climáticas futuras en la cuenca estudiada.

Con los resultados obtenidos se podrá observar que el modelo basado en características específicas puede hacer predicciones, para luego proponer medidas de mitigación que permitan un manejo integrado de cuencas.

1.7. Redes Neuronales Artificiales

Las RNA intentan ser una emulación inteligente del comportamiento de los sistemas biológicos en donde los sistemas nerviosos se basan en la neurona como elemento fundamental (Hilera, 1995). Actualmente una RNA puede ser considerada como un modelo de "caja negra".

Entra las principales características de las RNA cabe destacar (Solomatine, 2002) que es un modelo con múltiples parámetros, el cual es capaz de reproducir complejas relaciones no lineales, cuyo proceso de calibración (entrenamiento) requiere de gran cantidad de información, siendo el modelo resultante veloz y que puede ser utilizado donde los modelos físicos resultan inadecuados o donde pueda complementarlos.

Al profundizar en los principios de las RNA y observar continuamente el término neurona no es de extrañar que se piense por analogía en el cerebro humano, este hecho quizás se deba a que las RNA están basadas en la inspiración biológica. El hombre posee cerca de 10 000 000 000 de neuronas masivamente interconectadas.

La neurona es una célula especializada que puede propagar una señal electroquímica, con una estructura ramificada de entrada (las dendritas) y una estructura ramificada de salida (los axones). Los axones de una célula se conectan con las dendritas de otra, por vía de la sinapsis la neurona se activa y excita una señal electroquímica a lo largo del axón. Esta señal transfiere la sinapsis a otras neuronas, las que a su vez pueden excitarse. Las neuronas se excitan sólo si la señal total recibida en el cuerpo de las células, por conducto de las dendritas, es superior a cierto nivel (umbral de excitación). Las redes neuronales artificiales tratan de imitar este principio de funcionamiento cerebral.

1.7.1. Estructura de una RNA

Las redes neuronales artificiales están formadas por una gran cantidad de neuronas, estas no suelen denominarse neuronas artificiales sino nodos o unidades de salida. Un nodo o neurona cuenta con una cantidad variable de entradas que provienen del exterior $(X1, X2, ..., Xm)$. A su vez dispone de una sola salida (Xj) que transmitirá la información al exterior o hacia otras neuronas. Cada Xj o señal de salida tiene asociada una magnitud llamada peso este se calculará en función de las entradas, por lo cual cada una de ellas es afectada por un determinado peso $(Wj_o...Wj_{q+m})$.

Los pesos corresponden a la intensidad de los enlaces sinápticos entre neuronas y varían libremente en función del tiempo y en cada una de las neuronas que forman parte de la red.

El proceso de aprendizaje consiste en hallar los pesos que codifican los conocimientos. Una regla de aprendizaje hace variar el valor de los pesos de una red hasta que estos adoptan un valor constante, cuando esto ocurre se dice que la red ya "ha aprendido". Al conectar varias neuronas de un determinado modo, se consigue una red.

Existen variaciones de topologías, que se clasifican según tres criterios:

    1) Número de niveles o capas.

    2) Número de neuronas por nivel.

    3) Formas de conexión

El diseño de una u otra tipología depende del problema a solucionar por ejemplo para elaborar un programa de filtro digital en una computadora, se debe emplear un algoritmo en que todas las capas estén uniformemente interconectadas, o sea que todos los nodos de una capa estén conectados con los nodos de otra capa.

CAPITULO 2

CARACTERÍSTICAS FISICAS DE UNA CUENCA HIDROGRÁFICA

"No culpes a la vida de tus fracasos, pon tus fracasos a merced de la vida, solo así lograras tus éxitos"

Victor R. Tirado Picado.

2.1. Concepto de Cuenca Hidrográfica

"Unidad natural definida por la existencia de la divisoria de las aguas en un territorio dado. Unidad natural de drenaje, rodeada por líneas divisorias topográficas naturales que circundan a un río y a sus afluentes. Son unidades morfográficas superficiales"[13].

Sus límites quedan establecidos por la divisoria geográfica principal de las aguas de las precipitaciones, también conocido como «Parteaguas».

2.2. Parteaguas

Teóricamente es una línea imaginaria que une los puntos de máximo valor de altura relativa entre dos laderas adyacentes, pero de exposición opuesta; desde la parte más alta de la cuenca hasta su punto de emisión, en la zona más baja.

Las cuencas se pueden delimitar en subcuencas o cuencas de orden inferior. Las divisorias que delimitan las subcuencas se conocen como parteaguas secundarios. Una cuenca hidrográfica y una cuenca hidrológica se diferencian en que la cuenca hidrográfica se refiere exclusivamente a las aguas superficiales, mientras que la cuenca hidrológica incluye las aguas subterráneas (acuíferos).

2.3. Características Físicas

Estas características dependen de la morfología (forma, relieve, red de drenaje, etc.), los tipos de suelos, la capa vegetal, la geología, las prácticas agrícolas de la zona.

Para el desarrollo de este acápite se realizó el estudio de la cuenca 55 Rio Grande de Matagalpa específicamente la Subcuenca Río Grande de Matagalpa (Alta). (Ver anexos 4, 5, 6).

---

[13] Aparicio, F. (1992). *Fundamentos de Hidrología de Superficie*. México: Editorial LIMUSA S.A de C.V

El Río Grande de Matagalpa es un destacado río de América Central que discurre por Nicaragua y desemboca en el Mar Caribe, el segundo más largo del país después del río Coco, su parte alta con elevaciones muy consideradas lo que hace que su topografía muy escarpada.

Calculando así los siguientes elementos del régimen hidrológico:

2.3.1. Área de drenaje
Es el área plana incluida su divisoria topográfica, obtenida de forma planimétrica del plano, para esta Subcuenca Río Grande de Matagalpa (Alta) es de 5157.37 Km^2. Esta área representa el 28.17% del área de toda la cuenca 55 Río Grande de Matagalpa.

2.3.2. Perímetro de la Subcuenca
Abarca una longitud de 656.10 Km

2.3.3. Longitud de río principal
Río Grande de Matagalpa 354.7 Km comprendidos en esta Subcuenca.

2.3.4. Índice de Gravelius o índice de compacidad (Ic)
Relación entre el Perímetro y el área de la cuenca, calculado con la ecuación:

$$Ic = 0.28 \frac{P}{A^{1/2}} \quad \text{(2.1)}$$

Sustituyendo los datos de la cuenca 55, el índice de compacidad sería de:

$$Ic = 0.28 \frac{656.10}{5157.37^{1/2}} = 2.56$$

Clasificación:

Si el Ic está en el rango de 1 a 1.25 se dice que la cuenca es redonda-ovalo redonda.

Si el Ic está en el rango de 1.25 a 1.5 se dice que la cuenca es ovalo-redonda oblonga.

Si el Ic está en el rango de 1.5 a 1.75 se dice que la cuenca es ovalo oblonga-rectangular oblonga.

Si el Ic es mayor a 1.75 se dice que la cuenca es rectangular-muy lobuladas.

2.3.5. Sistema de Drenaje

Está constituido por el río principal, Río Grande de Matagalpa y sus tributarios en la parte alta de la cuenca.

2.3.5.1. Orden de las corrientes de agua

Refleja el grado de ramificación o bifurcación de la Subcuenca Río Grande de Matagalpa (Alta), de tercer orden conforme a la figura 10.

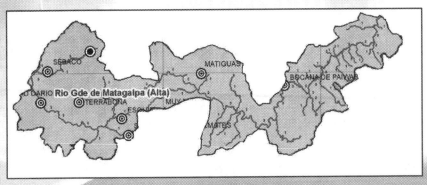

Figura 10: Mapa de Orden de las corrientes de agua de la Subcuenca Río grande de Matagalpa parte Alta. Fuente: Elaboración propia (2011). Orden de las corrientes de agua de la Subcuenca Río grande de Matagalpa parte Alta

2.3.5.2. Densidad de drenaje (Dd)

Relación entre la longitud total de los cursos de agua de la cuenca y el área total, esta da una idea de la permeabilidad de los suelos y de la vegetación, ya que entre más baja es la densidad mayor son estos factores, se obtiene a partir de:

$Dd = \frac{L}{A}$ **(2.2)**, siendo para dicha cuenca de $Dd = \frac{L}{A} = \frac{951.35}{5157.37} = 0.18$

2.3.6. Características del Relieve de la Cuenca

2.3.6.1. Pendiente Media del rio

La pendiente media del rio se obtiene por:

$Ir = \frac{HMr - Hmr}{1000Lr}$ **(2.3)**

$Ir = \frac{1500 - 100}{1000(354.7)} = 0.0039$

2.3.6.2. Índice de pendiente de la cuenca

$$Sc = \frac{HMc - Hmc}{1000\,Lc} \qquad (2.4)$$

$$Sc = \frac{HMc - Hmc}{1000\,Lc} = \frac{1500 - 100}{1000 * 951.35} = 0.15\%$$

2.3.6.3. Curva Hipsométrica y distribución de frecuencia

La curva hipsométrica relaciona el valor de las cotas con el porcentaje del área acumulada en las abscisas y la curva de frecuencia representa la proporción en porcentaje de la superficie total comprendida entre curvas de nivel.

Para los cálculos se elaboró la siguiente tabla donde:

Columna 1: Cotas de la Subcuenca, que oscilan entre 118 y 650 msnm.

Columna 2: Área entre curvas de nivel, calculadas planimétricamente obtenida en Km^2.

Columna 3: El área acumulada de la col 2.

$162.28\ Km^2 + 901.03\ Km^2 = 1063.31\ Km^2$

Columna 4: Área complementaria (A – col 3.

$(5157.37 - 162.28) = 4995.09\ Km^2$

Columna 5: Porcentaje de área respecto al total, (Col 2 / A) * 100.

$(162.28 / 5157.37) * 100 = 3.15\%$

Columna 6: Desnivel entre curvas, acumulado y expresado en m.

$228\ m - 118\ m = 110\ m$

Columna 7: Área relativa, columna 4/ Área total (adimensional).

$4995.09 / 5157.37 = 0.969$

Columna 8: Altura relativa, cada desnivel (h) entre curvas acumulado entre el desnivel total H. En el primer caso sería $110 / 532 = 0.207$

Con los resultados del área relativa y la altura relativa, se grafica la curva Hipsométrica (figura 11), ubicando en el eje de las X: a/A (columna 7 de la tabla 4), y en el eje de las Y: h/H (columna 8 de la tabla 4).

Curva Hipsométrica							
col 1	col 2	col 3	col 4	col 5	col 6	col 7	col 8
Cotas	Área	Área acumulada	Área Complem. (a)	% área respec. al total	Desnivel (h)	(a/A)	h/H
(msnm)	(km²)	(km²)	(km²)	(%)	(m)		
118 - 228	162.28	162.28	4995.09	3.15	110.00	0.969	0.207
228 - 304	901.03	1063.31	4094.06	17.47	186.00	0.794	0.350
304 -320	596.189	1659.50	3497.87	11.56	202.00	0.678	0.380
320 -370	441.23	2100.73	3056.64	8.56	252.00	0.593	0.474
370 - 430	1026.72	3127.45	2029.92	19.91	312.00	0.394	0.586
430 - 480	266.41	3393.86	1763.51	5.17	362.00	0.342	0.680
480 - 500	269.75	3663.61	1493.76	5.23	382.00	0.290	0.718
500 - 600	621.6	4285.21	872.16	12.05	482.00	0.169	0.906
600 - 650	872.16	5157.37	0.00	16.91	532	0.000	1.000
Total	5157.37						

Tabla 4: Cálculos para Curva Hipsométrica, Subcuenca Río Grande de Matagalpa.
Fuente: Elaboración propia (2011). Cálculos para Curva Hipsométrica de Subcuenca Río Grande de Matagalpa parte Alta, Nicaragua.

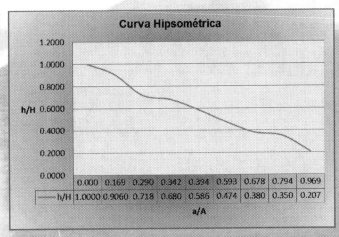

Figura 11: Curva Hipsométrica, Subcuenca Río Grande de Matagalpa.
Fuente: Elaboración propia (2011). Curva Hipsométrica de Subcuenca Río Grande de Matagalpa parte Alta, Nicaragua.

La curva de frecuencia se obtiene de acuerdo a los siguientes cálculos (Tabla 5):

Columna 9: Cotas de la Subcuenca, que oscilan entre 118 y 650 msnm.

Columna 10: Variación de área entre cotas, calculada de la columna 2 tabla 4, expresada en Km^2.

Columna 11: Índice de pendiente Col 10/ Área total.

Columna 12: El índice de pendiente en porcentaje, col 11 * 100.

Con los resultados de la columna 12 se grafica la curva de frecuencia (figura 12), ubicando en el eje de las X: porcentaje de índice de pendiente y en las Y: cotas o altitud del terreno presente en la Subcuenca.

Curva de Frecuencia			
col 9	col 10	col 11	col 12
Cotas	Variación de área	Indice de pendiente	Indice de pendiente
(msnm)	(km²)		(%)
118 - 228	738.750	0.143	14.324
228 - 304	304.841	0.059	5.911
304 -320	154.959	0.030	3.005
320 -370	154.959	0.030	3.005
370 - 430	585.490	0.114	11.352
430 - 480	760.310	0.147	14.742
480 - 500	351.850	0.068	6.822
500 - 600	250.560	0.049	4.858
600 - 650	872.160	0.169	16.911

Tabla 5: Cálculos para Curva de Frecuencia, Subcuenca Río Grande de Matagalpa.
Fuente: Elaboración propia (2011). Cálculos para Curva de Frecuencia de Subcuenca Río Grande de Matagalpa parte Alta, Nicaragua.

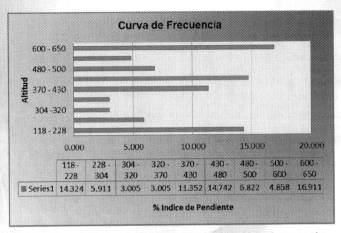

Figura 12: Curva de Frecuencia, Subcuenca Río Grande de Matagalpa parte Alta.
Fuente: Elaboración propia (2011). Curva de Frecuencia Subcuenca Río Grande de Matagalpa parte Alta, Nicaragua.

2.3.6.4. Rectángulo equivalente

Monsalve, G (1999)[14] afirma que es un intento de comparar la influencia de las características de la cuenca sobre la escorrentía.

La característica más importante de este rectángulo es que tiene igual distribución de alturas que la curva hipsométrica de la Subcuenca en estudio, construyendo así el rectángulo a partir del área de la Subcuenca para este caso de 5157.37 Km^2, perimetro de 656.10 km, el lado mayor será LM y el lado menor lm, siendo los valores de estos:

$$LM = \frac{P + \sqrt{P^2 - 16(A)}}{4}$$ (2.5) $$L = \frac{656.10 + \sqrt{656.10^2 - 16(5157.37)}}{4} = 311.49 km$$

$$lm = \frac{P - \sqrt{P^2 - 16(A)}}{4}$$ (2.6) $$lm = \frac{656.10 - \sqrt{656.10^2 - 16(5157.37)}}{4} = 16.56 km$$

---

[14] Monsalve, G (1999). Hidrología en la Ingeniería. México: Alfaomega Grupo Editor S.A. de C.V.

Para el cálculo se requiere el área acumulada utilizada en la curva hipsométrica (columna 2, Tabla 6) y la columna 3 se obtiene del producto del Lado más largo del rectángulo en este caso 311.49 km por cada una de las áreas acumuladas, dividido entre el área total 5157.37 km².

Rectángulo Equivalente		
col 1	col 2	Col 3
Cotas	Área acumulada	Long. Acumu. del recta.
(msnm)	(km²)	(km)
118 - 228	162.28	9.801
228 - 304	1063.31	64.221
304 -320	1659.50	100.229
320 -370	2100.73	126.878
370 - 430	3127.45	188.889
430 - 480	3393.86	204.979
480 - 500	3663.61	221.271
500 - 600	4285.21	258.814
600 - 650	5157.37	311.490

Tabla 6: Cálculos para Rectángulo Equivalente, Subcuenca Río Grande de Matagalpa.
Fuente: Elaboración propia (2011). Cálculos Rectángulo Equivalente Subcuenca Río Grande de Matagalpa parte Alta, Nicaragua.

Con los resultados de la tabla 6, el rectángulo se grafica así:

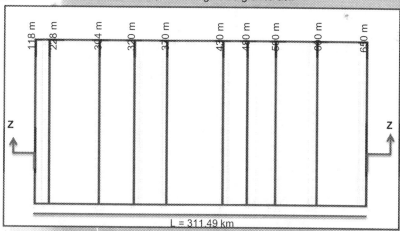

Figura 13: Rectángulo equivalente, Subcuenca Río Grande de Matagalpa parte Alta.
Fuente: Elaboración propia (2011). Rectángulo Equivalente Subcuenca Río Grande de Matagalpa parte Alta, Nicaragua.

Las distancias entre las curvas de nivel en este rectángulo equivalente son proporcionales a las áreas que separan dichas curvas en la Subcuenca Río Grande de Matagalpa parte Alta. El corte ZZ representa la curva hipsométrica de la Subcuenca.

CAPITULO 3

ANÁLISIS ESTADÍSTICO

"El Universo está dotado de muchos misterios que hacen más interesante el descubrimiento del conocimiento, somos una pequeña gota de agua en el universo"

Víctor R. Tirado Picado

3.1. Generalidades del Análisis Estadístico

Arguello, O (2002)[15] Los procesos hidrológicos evolucionan en el tiempo en el espacio en una forma que es variablemente predecible o determinística y parcialmente aleatoria. Un proceso con de este tipo se conoce como estocástico. En algunos casos la variabilidad aleatoria del proceso es tan grande comparada con su variabilidad determinística que justifica que el hidrólogo trate el proceso como puramente aleatorio.

Para aplicar cada uno de los métodos se realizó el estudio con las estaciones pluviométricas ubicadas dentro de la Subcuenca en estudio Río Grande de Matagalpa (Alta), dentro de estas estaciones se consideró de acuerdo a su ubicación: estación Hacienda San Francisco, Darío, La Labranza, San Dionisio, Matagalpa.

3.2. Tratamiento probabilístico de la información Hidrológica

Una variable aleatoria X es una variable descrita por una distribución de probabilidades, esta determina la posibilidad de que una observación x de la variable caiga en un rango especificado de X.

La probabilidad de un evento P(A), es la probabilidad que este ocurra cuando se hace una observación de la variable aleatoria. Las probabilidades de eventos pueden estimarse. Si una muestra de **n** observaciones tiene n_A valores en el rango del evento A, entonces la frecuencia relativa de A es n_A/n. a medida que el tamaño de la muestra aumenta, la frecuencia relativa se convierte en una estimación mejor de la probabilidad del evento, es decir:

$$P(A) = \lim_{n \to \infty} \frac{n_A}{n} \qquad (3.1)$$

Siendo

$$P(A) = 1 - P(A) \qquad (3.2)$$

---

[15] Arguello, O (2002).Curso de Titulación: Hidrología Estocástica. UNI – Managua, Nicaragua

En la tabla 7 se muestran los valores de precipitación anual en la Estación Hacienda San Francisco, desde 1955 hasta 1961. Se requiere conocer cuál es la probabilidad de que la precipitación anual R de cualquier año sea menor que 80 mm y mayor que 100 m, y la probabilidad que este entre 80 mm – 100 mm.

Precipitación anual Estación Hacienda San Francisco 1955 - 1961 (mm)							
Año	1955	1956	1957	1958	1959	1960	1961
0	44.9	19.7	218.8	105.9	104.8	89.5	128.5
1	74.4	149.8	76.8	16.1	78.9	11.9	76.1
2	38.5	65.1	14.2	5.4	57.3	52.2	42.1
3	43.2	12.2	8.8	4.8	39.7	72.9	16.4
4	19	204.9	160.6	306.5	117.6	133.8	145.4
5	138.2	377.5	137.6	318.9	381.4	321.4	416.4
6	453.4	278.3	194.9	511.9	204.9	280	340
7	210.2	189.1	153.1	188.2	246.5	409	242.7
8	390.3	242.1	267.5	169	207.4	273.7	172.4
9	682	159.3	229.7	244.9	329.8	371.2	348.1
10	113.8	83.1	126.4	98.5	122	121.4	214.4
11	-	98.4	60	41.1	41.2	36.5	149.6

Tabla 7: Precipitación Hacienda San Francisco 1955 – 1961.
Fuente: Dirección de Meteorología INETER, Nicaragua.

Existen 76 años de información. Sea A el evento de que R< 80 mm, B el evento de que R> 100 mm. Los números de la tabla anterior que quedan en estos rangos son n_A= 25 y n_B= 52, luego P(A) = 25/83 = 0.301 y P(B) = 52/83 = 0.627.

De la ecuación P(A) = 1 – P(A), la probabilidad de que la precipitación anual esté entre 80 mm y 100 mm, puede calcularse así:

P (80mm < R < 100 mm) = 1 – P(R < 80mm) – P(R > 100mm)

P (80mm < R < 100 mm) = 1 – 0.301 – 0.627 = 0.072

Para que este mismo evento sea independiente, se supone que la precipitación anual en la Estación Hacienda San Francisco, calculando la probabilidad de que existan dos años sucesivos con precipitación menor que 80 mm y luego se compara esta probabilidad con la relativa del caso anterior con evento desde 1955 a 1961, (tabla anterior).

Para ello C sería el evento de que R< 80 mm para dos años sucesivos. Del caso anterior P(R < 80mm) = 0.301 y suponiendo una precipitación anual independiente

$P(C) = (P(R < 80mm))^2$ $P(C) = 0.091$

En la información de la tabla 7 se observa que existen 11 pares de años sucesivos con precipitación menor que 80 mm, de los 83 pares posibles, utilizando un conteo directo, se puede estimar que P(C) = nc/n = 9/83 = 0.108, aproximadamente el valor resultante anterior suponiendo independencia. (Ver figura 14)

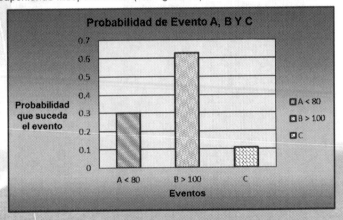

Figura 14: Gráfico de probabilidad de eventos.
Fuente: Elaboración propia (2011). Probabilidad de eventos Estación Hacienda San Francisco.

3.3. Parámetros estadísticos

❖ Estimación por la muestra de la media X, es el promedio de la información:

$$X = \frac{1}{n}\sum_{i=1}^{n} xi \qquad (3.3)$$

La variabilidad de esta información se mide por medio de la varianza σ^2, la cual es el segundo momento alrededor de la media:

$$S^2 = \frac{1}{n}\sum_{i=1}^{n}(xi - X)^2 \qquad (3.4)$$

El divisor es n – 1 para asegurar que la estadística de la muestra no sea segada, es decir que no tenga una tendencia, en promedio a ser mayor o menor que el valor verdadero.

La varianza tiene dimensiones de X^2, la desviación estándar σ es una media de la variabilidad que tiene las mismas dimensiones de X. La cantidad de σ es la raíz cuadrada de la varianza y se estima por S. El significado se ilustra (figura 15), a medida que la desviación estándar aumenta, aumenta la dispersión de la información.

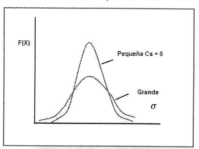

Figura 15: Desviación estándar.
Fuente: Elaboración propia (2011).

De la muestra de la información de precipitación anual en la Estación Hacienda San Francisco desde 1955 a 1961 (ver tabla 7), se calcula la media de la muestra, la desviación estándar y el coeficiente de asimetría.

Los valores de precipitación anual de 1961 se muestran en la columna 2 de la tabla 7, empleando la ecuación 3.3 de la media se tiene que:
X = 2292.1/ 12 = 191.01 mm

Calculando las estadísticas de muestra para la precipitación anual de 1961

Col 1	Col 2	Col 3
Precipita ción x	$(x - X)^2$	$(x - X)^3$
128.5	3907.5	244257.8
76.1	13204.3	1517307.0
42.1	22174.2	3301958.3
16.4	30488.7	5323623.5
145.4	2080.3	94881.2
416.4	50800.7	-11449959.0
340.0	22198.0	-3307283.0
242.7	2671.9	-138108.2
172.4	346.3	6445.2
348.1	24677.3	-3876552.0
214.4	547.1	-12796.5
149.6	1714.8	71009.4
2292.1	174810.9	-8225216.2

Tabla 8: Calculo de parámetros estadísticos para Hacienda San Francisco 1955 – 1961.
Fuente: Elaboración propia (2011). Nicaragua.

Los cuadrados de las desviaciones de la media se muestran en la columna 2 de la tabla 8, totalizando 174810.9 mm². Aplicando la ecuación 3.4 la desviación estándar es de:

S = 126.06 mm

Los cubos de la desviación de la media se muestran en la columna 3 de la tabla 8, para un total de – 8225216.2

$$Cs = \frac{12 * 822516.2}{11 * 10 * 126.06^3} = -0.045$$

Como el resultado es negativo indica que la información esta desviada hacia la izquierda

3.4. Precipitación

Aparicio, F. (1999)[16] define precipitación como, "el agua que baja de la atmosfera y cae sobre la superficie de la tierra. Puede adoptar diferentes formas: lluvias, granizo, nieve, rocío y escarcha". Para Centroamérica la forma más importante es la lluvia.

3.4.1. Análisis de datos de Precipitación

Basado en los registros de las diferentes estaciones, cada una de las cuales es representativo de la lluvia caída en su entorno.

3.4.1.1. Análisis de la consistencia de datos

La localización del pluviómetro, exposición, instrumentación o procedimiento observacional, puede conllevar a un cambio relativo en la cantidad observada en el pluviómetro. Entonces se generan cambios sistemáticos en la serie, que hacen que pierda la condición de homogeneidad en los datos, por lo que es necesario aplicar un criterio para juzgar si la serie es homogénea o no. En esta ocasión se utilizará el método de las dobles acumulaciones que es uno de los recomendados por la OMM.

a. Método en series pluviométricas

En la práctica se suele considerar una estación tipo o modelo la estación más extensa y la más representativa a efectos de situación geográfica, para este estudio se utilizó las estaciones 55002 Hacienda San Francisco con una elevación de 790 msnm y la estación 55007 Matagalpa con una elevación de 680 msnm.

Se establecen las comparaciones por los datos más antiguos, en estas estaciones se analizó a partir de 1955 al 1985. Los datos de precipitación obtenidos de INETER se presentan en la tabla donde se realizaron los cálculos para elaborar la curva de consistencia de estas estaciones que indica a partir de qué año se requiere hacer las correcciones.

---

[16] Aparicio, F. (1992). *Fundamentos de Hidrología de Superficie*. México: Editorial LIMUSA S.A de C.V

La tabla 9, muestra los resultados de la aplicación de este método:

Columna 1: años registrados de precipitaciones en dichas estaciones, facilitados por INETER.

Columna 2: Datos de precipitación de la estación 55002 "San Francisco".

Columna 3: Acumulación de los datos de la estación San Francisco.

Columna 4: Datos de precipitación de la estación 55007 "Matagalpa".

Columna 3: Acumulación de los datos de la estación Matagalpa.

Año	Estación 55002	Est. Acumulada	Estación 55007	Est. Acumulada
col 1	col 2	col 3	col 4	col 5
1955	2207.9	2207.9	1601.4	1601.4
1956	1879.5	4087.4	1020.3	2621.7
1957	1648.4	5735.8	1035.1	3656.8
1958	2011.2	7747	1461.3	5118.1
1959	1931.5	9678.5	1336.9	6455
1960	2173.5	11852	1497.8	7952.8
1961	2292.1	14144.1	1611	9563.8
1962	2040.1	16184.2	1652.6	11216.4
1963	1786.7	17970.9	1047.3	12263.7
1964	2072	20042.9	1410.9	13674.6
1965	1597.5	21640.4	1140.1	14814.7
1966	1881.1	23521.5	1337.7	16152.4
1967	1715.4	25236.9	1218	17370.4
1968	2370.8	27607.7	1745.9	19116.3
1969	2240.1	29847.8	2196.1	21312.4
1970	2238.3	32086.1	1982	23294.4
1971	2103.4	34189.5	1793	25087.4
1972	1756	35945.5	1110.3	26197.7
1973	2024.2	37969.7	518.1	26715.8
1974	1728.9	39698.6	1060.2	27776
1975	1925.1	41623.7	1331.9	29107.9
1976	1706.7	43330.4	879.1	29987
1977	1544.1	44874.5	706	30693
1978	1818.5	46693	1112.8	31805.8
1979	1968.4	48661.4	839.8	32645.6
1980	2425.8	51087.2	451.8	33097.4
1981	1866.4	52953.6	777.4	33874.8
1982	2109.8	55063.4	400.4	34275.2
1983	1641.9	56705.3	923.4	35198.6
1984	1868.1	58573.4	296.9	35495.5
1985	1553	60126.4	263.2	35758.7

Tabla 9: Cálculos por doble acumulaciones, estaciones 55002 y 55007, de la Subcuenca Río Grande de Matagalpa parte Alta.
Fuente: Elaboración propia (2011). Cálculos Rectángulo Equivalente Subcuenca Río Grande de Matagalpa parte Alta, Nicaragua.

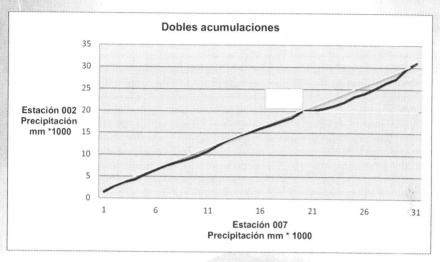

Figura 16: Dobles acumulaciones de la estación Hacienda San Francisco y Matagalpa.
Fuente: Elaboración propia (2011). Dobles acumulaciones de estaciones de la Subcuenca Río Grande de Matagalpa parte Alta, Nicaragua.

Al analizar el grafico de dobles acumulaciones existe un error sistemático a partir del año 1973, el cual se corrige utilizando la ecuación 3.5:

$$A = \frac{tan\,\beta}{tan\,\alpha} * P \qquad\qquad (3.5)$$

Dónde:

β: es el ángulo entre la curva y la proyección horizontal, en este caso 19°.

α: es el ángulo entre la recta correcta y la proyección horizontal, siendo para este 23°.

P: la precipitación en mm para el año a corregir.

Siendo las correcciones las siguientes:

> **1973** $A = \frac{tan\,19}{tan\,23} * 2024.2 = 1642.00$ mm

> **1974** $A = \frac{tan\,19}{tan\,23} * 1728.9 = 1402.46$ mm

> **1975** $A = \frac{tan\,19}{tan\,23} * 1925.1 = 1561.61$ mm

> **1976** $A = \dfrac{tan\,19}{tan\,23} * 1706.7 = 1384.45$ mm

> **1977** $A = \dfrac{tan\,19}{tan\,23} * 1544.1 = 1252.55$ mm

> **1978** $A = \dfrac{tan\,19}{tan\,23} * 1818.5 = 1475.14$ mm

> **1979** $A = \dfrac{tan\,19}{tan\,23} * 1968.4 = 1596.74$ mm

> **1980** $A = \dfrac{tan\,19}{tan\,23} * 2425.8 = 1967.77$ mm

> **1981** $A = \dfrac{tan\,19}{tan\,23} * 1866.4 = 1514.00$ mm

> **1982** $A = \dfrac{tan\,19}{tan\,23} * 2109.8 = 1711.44$ mm

> **1983** $A = \dfrac{tan\,19}{tan\,23} * 1641.9 = 1331.88$ mm

> **1984** $A = \dfrac{tan\,19}{tan\,23} * 1868.1 = 1515.37$ mm

> **1985** $A = \dfrac{tan\,19}{tan\,23} * 1553.0 = 1259.77$ mm

Es decir se reducen los valores de la estación 55002 en función de la estación 55007, a partir del primer año donde se produjo el error sistemático.

3.4.1.2. Estimación y verificación de datos faltantes

Para el desarrollo de un proyecto especifico los datos de precipitación deben ser analizados y verificados antes de ser utilizados. Es por ello que los datos faltantes deben ser calculados y extenderse a un período base de diseño.

a) Estimación de datos acumulados

Para ello se presenta el estudio de la estación 55002 "Hacienda San Francisco", con los datos facilitados por INETER. Ver tabla 15.

Para estimar los datos acumulados de la serie histórica de esta estación, se utilizan las ecuaciones 3.6, 3.7:

$$\frac{Na}{Pa} = \frac{Nj}{Aj} \qquad\qquad (3.6)$$

Donde:

Na: precipitación normal anual

Nj: precipitación normal del mes considerado

Pa: precipitación anual para el año en que aparece la acumulación

Luego se aplica $\dfrac{\Sigma Aj}{Pacum} = \dfrac{Aj}{Pj}$ (3.7)

Siendo

Aj: Precipitación mensual aproximada

Pacum: precipitación acumulada

Pj: precipitación correspondiente al mes

Precipitaciones de la estación Hacienda San Francisco para los años 1955 – 1979

Año	Enero	Febrero	Marzo	Abril	Mayo	Junio	Julio	Agosto	Sept.	Oct.	Novie	Dicie.	Suma
1955	44.9	74.4	38.5	43.2	19	138.2	453.4	210.2	390.3	682	113.8	-	2207.9
1956	19.7	149.8	65.1	12.2	204.9	377.5	278.3	189.1	242.1	159.3	83.1	98.4	1879.5
1957	218.8	76.8	14.2	8.8	160.6	137.6	194.9	153.1	267.5	229.7	126.4	60	1648.4
1958	105.9	16.1	5.4	4.8	306.5	318.9	511.9	188.2	169	244.9	98.5	41.1	2011.2
1959	104.8	78.9	57.3	39.7	117.6	381.4	204.9	246.5	207.4	329.8	122	41.2	1931.5
1960	89.5	11.9	52.2	72.9	133.8	321.4	280	409	273.7	371.2	121.4	36.5	2173.5
1961	128.5	76.1	42.1	16.4	145.4	416.4	340	242.7	172.4	348.1	214.4	149.6	2292.1
1962	132.4	29.7	-	15.2	69.4	428.7	399.1	208.6	317.7	256	78.5	104.8	2040.1
1963	144	34.7	53.2	106.4	93.2	297	205.7	172.9	185.2	233.8	215.8	44.8	1786.7
1964	63.6	21.9	19.2	79.4	49.1	594.2	232.3	188.4	244.8	314.8	163.8	100.5	2072
1965	52.2	68.9	34.8	16.5	140.8	253.5	258	158.9	280.2	159	102	72.7	1597.5
1966	50.1	60.4	62.2	49	162.1	335.7	248.2	261.8	304.3	254.2	56.7	36.4	1881.1
1967	0	44.9	56.7	63.4	56.5	291.9	366.2	207.2	256.3	157.3	84.4	130.6	1715.4
1968	141	19.2	11.6	18	394.8	418.9	287.6	175.3	496.5	286.2	121.7	-	2370.8
1969	72.6	28.5	12.5	46.5	207.9	422.8	198.8	313.4	317.4	469.8	117.1	32.8	2240.1
1970	110.5	53.9	54.9	130.9	160.2	239.7	393.5	312.8	426.4	154.2	68.9	132.4	2238.3
1971	85.8	58	15.2	36.2	141.4	285.8	228.4	183.9	417.3	358.8	127	165.6	2103.4
1972	131.7	29.8	10.7	16.2	274.9	201.8	277	262.4	120	161.5	122	148	1756
1973	60.6	21.7	9.8	26.6	256.1	343	263.3	180.1	266.3	370.6	162.9	63.2	2024.2
1974	246	47.1	43.8	47.9	104.6	136.4	182.9	268.4	371.9	152.4	18.9	108.6	1728.9
1975	242	27.3	26.5	8.5	66.7	169.8	163.4	290.2	432.7	280.7	201.1	16.2	1925.1
1976	81.6	41.3	39.8	17	121.9	419.6	250.9	235.7	108.9	181.4	101.7	106.9	1706.7
1977	23.2	54.6	12.2	51.9	183.4	444.8	216.7	140.7	158.5	92.2	100	65.9	1544.1
1978	55.6	23.9	50.3	12.2	256.9	309.6	343.5	303.9	180.6	132.3	88.4	61.3	1818.5
1979	68.1	14.6	38.1	170.6	119.7	274.4	376.7	268.3	193.4	279.5	87.1	77.9	1968.4
Suma	2473.1	1164.4	826.3	1110.4	3947	7959	7155.6	5771.7	6801	6659.7	2898	1895	48661.4
Media	98.924	46.576	33.052	44.416	157.9	318.36	286.22	230.87	272	266.39	115.9	75.82	1946.456

Tabla 10: Datos de precipitación de estación Hacienda San Francisco, de los años 1955 - 1979.
Fuente: Dirección de Meteorología, INETER, Nicaragua.

De acuerdo a la tabla 10, los datos a emplear en las ecuaciones 3.6 y 3.7 para los meses de julio, agosto y septiembre son:

Na: 1946.456 mm

Nj: precipitación normal del mes considerado

Nj: para los meses de julio, agosto y septiembre respectivamente N1: 286.22 mm, N2: 230.87mm, N3: 272 mm

Pa: para el año acumulado 2370.8 mm

Pac: 496.5 mm

Empleando la ecuación 11, se tiene que:

$$\frac{1946.456}{2370.8} = \frac{286.22}{A_1} \qquad A_1 = 348.62 \text{ mm}$$

$$\frac{1946.456}{2370.8} = \frac{230.87}{A_1} \qquad A_2 = 281.20 \text{ mm}$$

$$\frac{1946.456}{2370.8} = \frac{272}{A_1} \qquad A_3 = 331.30 \text{ mm}$$

Resultando $\quad \Sigma A_j = 961.12 \text{ mm}$

Para obtener la precipitación de cada mes analizado se sustituyen los valores en la ecuación 3.7:

$$\frac{961.12}{496.5} = \frac{348.62}{P_1} \qquad P_1 = 180.09 \text{ mm}$$

$$\frac{961.12}{496.5} = \frac{281.20}{P_2} \qquad P_2 = 145.26 \text{ mm}$$

$$\frac{961.12}{496.5} = \frac{331.30}{P_2} \qquad P_3 = 171.14 \text{ mm}$$

Luego de aplicar este método la precipitación correspondiente al mes de julio es de 180.09 mm, mes de agosto es de 145.26 mm, mes de septiembre 171.14 mm, para la estación Hacienda San Francisco en los años 1955 – 1979.

b) Estimación de datos faltantes individuales

En el registro de datos por una u otra razón existen vacíos o interrupciones, entonces para completar estos registros es necesario el período básico de diseño como la estimación de los datos faltantes. Existen diversos métodos para estos cálculos, de los cuales se abordan a continuación los siguientes:

3.1.1.3. Procedimiento aritmético

Continuando con datos de la Subcuenca Río Grande de Matagalpa parte Alta, donde se toma la distribución de pluviómetros en esta área, con las estaciones Darío, Hacienda San Francisco, La Labranza denominadas índices para su uso en la determinación de los datos faltantes de la estación "San Dionisio".

En el caso en que la precipitación normal anual de las estaciones índices, esto es cuando los promedios anuales en un período de 25 años, difieren solamente en un 10% con relación a la estación en estudio "Estación San Dionisio", calculándose el promedio aritmético para el período dado mediante un simple promedio aritmético:

$$Px = \frac{Pa + Pb + Pc}{3} \qquad (3.8)$$

Este método se aplica únicamente cuando la variación es máximo el 10%.

Dario	1981	44.3	43.5	44.2	68.2	182.5	332.9	12.8	195.2	127.1	53.7	46.2	12.4	1163
Hacienda San francisco	1981	22.5	28.6	51.8	68.6	164.5	459.9	104	210.6	135.3	92.1	42.9	36.2	1417
La Labranza	1981	21.6	32.1	29.9	19.6	268.2	281.8	77.9	248.8	72.5	223.7	36.7	17.8	1331
San Dionicio	1981	12.3	24.6	50.8	41.3	95.5	606.5	95.9	200.0	106.4	40.2	18.0	-	1292

Tabla 11: Datos de precipitación de estaciones Darío, Hacienda San Francisco, La Labranza y San Dionisio, de la Subcuenca Río Grande de Matagalpa parte alta del año 1981.
Fuente: Dirección de Meteorología, INETER, Nicaragua.

Calculando la precipitación media del mes de diciembre de 1981 de la estación San Dionisio, tomando las estaciones antes mencionadas como estaciones índices, las precipitaciones registradas en el período 1955 – 2001, para el mes son: 12.4 mm, 36.2 mm, 17.8 mm respectivamente.

Las precipitaciones normales anuales son:

Darío   1163 mm

Hacienda San Francisco 1417 mm

La Labranza   1331 mm

San Dionisio   1292 mm

En este período la precipitación normal anual de las estaciones no debe diferir en un 10%. Entonces se comprueba utilizando una regla de tres simple.

1292	100%		
(1292 – 1163)	X	X: 9.98%	*ok! --- Cumple!*

1292	100%		
(1292 – 1417)	X	X: 9.67%	*ok! --- Cumple!*

1292	100%		
(1331 – 1292)	X	X: 3.02%	*ok! --- Cumple!*

Ya verificado el método, se aplica la ecuación 3.8:

$$P_{san\ Dionisio} = \frac{12.4\ mm\ + 36.2\ mm + 17.8\ mm}{3} = 22.13\ mm$$

Para el mes de diciembre de 1981 la precipitación o dato faltante en la estación San Dionisio es 22.13 mm.

3.1.1.4. Proporción normal

Para ello se ponderan las precipitaciones de las estaciones índices con las proporciones de la precipitación normal anual de la estación en estudio (San Dionisio) y las precipitaciones normales anuales de las estaciones índices (Darío, Hacienda San Francisco, La Labranza), empleando para este cálculo la ecuación 3.9:

$$Px: \frac{1}{3}\left(\frac{Nx}{Na}\ Pa + \frac{Nx}{Nb}\ Pb + \frac{Nx}{Nc}\ Pc\right) \qquad (3.9)$$

Donde:

Px: *Dato faltante de precipitación que se desea obtener.*

Na, Nb, Nc: *precipitación normal anual de las estaciones índices.*

Pa, Pb, Pc: *precipitación en las tres estaciones índices durante el mismo período de tiempo que el dato faltante.*

Nx: *precipitación normal anual de la estación en estudio.*

Calculando la precipitación faltante siempre para el mes de diciembre de 1981 en la estación San Dionisio, ubicada dentro de la Subcuenca Río Grande de Matagalpa parte Alta, se utilizará los mismos datos del inciso (3.4.1.3)

Para sustituir en la ecuación 3.9, los datos son:

Na = 1163 mm, precipitación normal anual de la estación Darío.

Nb = 1417 mm, precipitación normal anual de la estación Hacienda San Francisco.

Nc = 1331 mm, precipitación normal anual de la estación La Labranza.

Nx = 1292 mm, precipitación normal anual de la estación **"San Dionisio"**.

La precipitación en las tres estaciones índices durante el mismo período de tiempo que el dato faltante, es respectivamente:

Pa =12.4 mm, Pb = 36.2 mm, Pc = 17.8 mm

La precipitación faltante Px = ?

$$Px = \frac{1}{3} * \left(\frac{1292}{1163}\,12.4 + \frac{1292}{1417} * 36.2 + \frac{1292}{1331} * 17.8 \right) \quad Px = 21.35 \text{ mm}$$

Comparando el resultado del método de procedimiento aritmético y proporción normal, la precipitación difiere en 0.78 mm, por lo que se considera aceptable.

3.1.1.5. Correlación Lineal por el método analítico

Según Moreno, S (1994)[17], este método consiste en determinar los parámetros que miden el grado de asociación correlativo entre las variables.

Se utiliza la ecuación de regresión lineal:

$$Y: \alpha + \beta x \qquad\qquad (3.10)$$

α y β son parámetros a estimar, que se calculan a partir de:

$$\beta = \frac{\sum_{i=1}^{n}(Xi\,Yi) - n*X*Y}{\sum_{i=1}^{n}(Xi)^2 - n(X)^2} \qquad\qquad (3.11)$$

$$\alpha = Y - \beta * X \qquad\qquad (3.12)$$

Para ello:

    Xi, Yi: valor correspondiente a la variable X y a Y

    X: valor medio de la variable X

    Y: valor medio de la variable Y

    n: número total de valores

Luego de estimar estos parámetros se requiere hacer una prueba de significación del coeficiente de correlación:

$$Yx, y = \frac{Sx,y}{Sx*Sy} \qquad\qquad (3.13)$$

$$Sx, y = \frac{1}{n}\left(\sum_{i=1}^{n} XiYi\right) - XY \qquad\qquad (3.14)$$

$$Sx = \sqrt{\frac{1}{N}\left(\sum_{i=1}^{n} Xi^2 - n(X)^2\right)} \qquad\qquad (3.15)$$

---

[17] Moreno, S (1994). Apuntes de Hidrología de Superficie. Universidad Nacional de Ingeniería. Managua, Nicaragua. Printart Editores.

$$Sy = \sqrt{\frac{1}{N}\left(\sum_{i=1}^{n} Yi^2\right) - n(Y)^2}$$ (3.16)

Donde:

    Sx,y: es la covarianza estándar en x y la de y.

    Yx,y: coeficiente de correlación.

Para hacer la prueba de significación, usando el estadistico t de Student (ver anexo 8)

$$tc = \frac{Yx,y\sqrt{n-2}}{\sqrt{1-(Yx,y)^2}}$$ (3.17)

Luego se propone una hipótesis nula Ho: Yx,y no es diferente a cero. El valor de t en la tabla correspondiente a un nivel de significación del 5%

$$t\frac{\alpha}{2}, n-2$$ (3.18)

Si tc está comprendida entre $-\left(t\frac{\alpha}{2}, n-2\right)$ y $(t\frac{\alpha}{2}, n-2)$ se acepta Ho, de lo contrario se rechaza.

Se presenta la aplicación de este método, calculando las precipitaciones faltantes de los meses de enero, febrero, agosto de 1977; y julio de 1979 de la Estación Darío correlacionándola con la Estación Hacienda San Francisco, de acuerdo a los datos de la tabla 12 brindados por INETER (X, Y), las demás columnas son cálculos de elaboración propia:

Año	MES	X	Y	XY	X²	Y²
1977	E	23.2	-			
	F	54.6	-			
	M	12.2	0	0	148.84	0
	A	51.9	4	207.6	2693.61	16
	M	183.4	39.8	7299.32	33635.56	1584.04
	J	444.8	86.7	38564.16	197847.04	7516.89
	J	216.7	29	6284.3	46958.89	841
	A	140.7	-			
	S	158.5	90	14265	25122.25	8100
	O	92.2	24	2212.8	8500.84	576
	N	100	12.3	1230	10000	151.29
	D	65.9	0	0	4342.81	0
1978	E	55.6	0.7	38.92	3091.36	0.49
	F	23.9	0	0	571.21	0
	M	50.3	0	0	2530.09	0
	A	12.2	0	0	148.84	0
	M	256.9	123.3	31675.77	65997.61	15202.89
	J	309.6	101.4	31393.44	95852.16	10281.96
	J	343.5	66.1	22705.35	117992.25	4369.21
	A	303.9	69.2	21029.88	92355.21	4788.64
	S	180.6	84.1	15188.46	32616.36	7072.81
	O	132.3	112.3	14857.29	17503.29	12611.29
	N	88.4	0.5	44.2	7814.56	0.25
	D	61.3	0	0	3757.69	0
1979	E	68.1	0	0	4637.61	0
	F	14.6	0	0	213.16	0
	M	38.1	3.4	129.54	1451.61	11.56
	A	170.6	76.5	13050.9	29104.36	5852.25
	M	119.7	0	0	14328.09	0
	J	274.4	375	102900	75295.36	140625
	J	376.7	-			
	A	268.3	81.4	21839.62	71984.89	6625.96
	S	193.4	202	39066.8	37403.56	40804
	O	279.5	203.6	56906.2	78120.25	41452.96
	N	87.1	18.3	1593.93	7586.41	334.89
	D	77.9	0	0	6068.41	0
	Total	5331	1803.6	442483.48	1095525.34	308819.38

Tabla 12: Cálculos método analítico con datos de estación Hacienda San Francisco y Darío, de los años 1977 - 1979.
Fuente: Elaboración propia (2011). Cálculos método analítico. Nicaragua.

Se inicia identificando el número de datos completos en este caso n= 32.

Aplicando la ecuación 3.11, se tiene que el parámetro β es:

$$\beta = \frac{442483.48 - 32 \left(\frac{5331}{32}\right)\left(\frac{1803.6}{32}\right)}{1095525.34 - 32 \left(\frac{5331}{32}\right)^2} = 0.685$$

Luego el parámetro α, empleando la ecuación 3.12:

$$\alpha = \left(\frac{1803.6}{32}\right) - 0.341 \left(\frac{5331}{32}\right) = -57.7$$

La ecuación 3.10, queda planteada así:

Y = - 57.7 + 0.685 (X)

Esta es la ecuación de correlación lineal, pero antes de sustituir los valores en ella es necesario hacer la prueba de significación del coeficiente de correlación, siendo estos: Primero se calcula la covarianza en x, y, ecuación 3.14:

$$Sx, y = \frac{1}{32}(442483.48) - \left(\frac{5331}{32}\right)\left(\frac{1803.6}{32}\right) = 10650.88$$

Después se calcula la desviación estándar en X y en Y, ecuaciones 3.15 y 3.16:

$$Sx = \left[\frac{1}{32}\left(1095525.34 - 32\left(\frac{5331}{32}\right)^2\right)\right]^{1/2} = 176.23$$

$$Sx = \left[\frac{1}{32}\left(308819.38 - 32\left(\frac{1803.6}{32}\right)^2\right)\right]^{1/2} = 80.46$$

El coeficiente de correlación mediante la ecuación 3.13 sería entonces:

$$Yx, y = \frac{10650.88}{176.23 * 80.46} = 0.751$$

Para este tipo de muestras de precipitaciones, se considera que la correlación es aceptable si el Yx,y ≥ 0.75. En este caso **0.751 ≥ 0.75 cumple ok!** Si las muestras son caudales o aportaciones la correlación es aceptable cuando Yx,y ≥ 0.80.

La prueba de significación se hace usando el estadístico, ecuación 3.17:

$$tc = \frac{0.751\sqrt{32-2}}{\sqrt{1-(0.756.1)^2}} = 6.232$$

En la tabla del anexo 8, se busca el valor de t, correspondiente a un nivel se significación del 5% (α = 0.05, α/2 = 0.025) equivalente a un límite de confianza de 95%. $t_{0.025}$, 32 = 2.04

Ya que tc = 6.232, no está comprendido en el rango -2.04 y 2.04, por tanto se rechaza la hipótesis nula de que Yx,y; no es diferente de cero.

Y por último sustituyendo en la ecuación 3.6, los valores faltantes de la Estación Darío serían de:

1977	Enero	41.80 mm
	Febrero	20.21 mm
	Agosto	38.68 mm
1979	Julio	200.34 mm

Tabla 13: Resultados de precipitación faltantes de la estación Darío, de los años 1977 y 1979.
Fuente: elaboración propia (2011). Nicaragua.

3.6. Correlación de variables índice climático y precipitación

Para la realización de la correlación del índice climático y la precipitación, se hará uso de la tabla dinámica Excel a partir de los datos que se presentan en anexo 10 y a partir de los datos de la estación la hacienda.

Para ello se establecen los valores medios mensuales durante todo el año en la serie de año correspondiente, se tiene los siguientes resultados:

	Enero	Febrero	Marzo	Abril	Mayo	Junio	Julio	Agosto	Septiembre	Octubre	Noviembre	Diciembre
ONI	-0.04	-0.05	-0.04	-0.02	0.00	0.01	0.03	0.03	0.04	0.04	0.03	0.00
Hacienda San Jacinto	98.92	46.58	33.05	44.42	157.90	318.36	286.22	230.87	272.03	266.39	115.93	75.82
NAO	-0.43	-0.41	-0.40	-0.06	-0.02	0.17	-0.04	-0.27	0.18	0.28	-0.09	-0.08
Hacienda San Jacinto	98.92	46.58	33.05	44.42	157.90	318.36	286.22	230.87	272.03	266.39	115.93	75.82

Tabla 14: Resultados de medias mensuales del índice climático y la precipitación
Fuente: Elaboración propia. (2016).

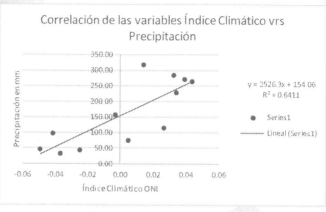

Gráfica 1: Correlación lineal entre índice climático y precipitación
Fuente: Elaboración propia. (2016)

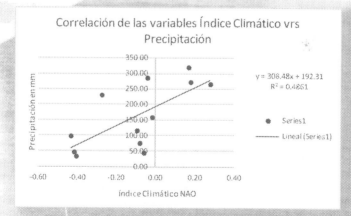

Gráfica 2: Correlación lineal entre índice climático y precipitación
Funte: Elaboración propia. (2016).

Se visualiza una correlación lineal, lo que indica que a menor índice climático menor será la precipitación registrada, y si el índice climático es mayor el registro de precipitación será mayor, aunque en ambas presentan correlaciones altas y positivas esto indica un comportamiento de crecimiento lineal con correlación de 0.64 y 0.48 respectivamente, y a la vez se explica que el índice climático incide totalmente en la variación de la precipitación.

Para ambos se utilizó el método de los mínimos cuadrado para definir las siguientes ecuaciones de tendencia lineales.

$y = 2526.3X + 154.06$ Para la correlación de la ONI con la precipitación

$y = 308.48X + 192.31$ Para la correlación de la NAO con la precipitación

3.7. Redes Neuronales Artificiales (RNA)

El modelo matemático para la aplicación de las Redes Neuronales Artificiales, para la generación del pronóstico, incorpora entre otros aspectos, datos de orden climatológicos como la precipitación y el índice climatológico, la secuencia lógica de trabajo se describe a continuación:

Propagación hacia adelante:

En esta parte se desea calcular la salida de la RNA a partir de:

$$Y = F(\sum_{i=1}^{n} W_i X_i) \text{ (3.18)}$$

Donde:

X_i = ventor de señales de entradas a la neurona

W_i = vector de pesos para cada señal de entrada

n = cantidades de señales de entrada

Y = salida de la neurona (por cada neurona de la red se debe calcular la salida con la expresión sigmoide)

$$F(x) = \frac{1}{1+e^{-1}} \text{ (3.19)}$$

Propagación hacia atras:

Aquí se desea calcular los nuevos pesos de la RNA a partir de:

-Para la capa de salida:

$$W_{jk} = W_{jk} + \alpha E_j \Delta_k \text{ (3.20)}$$

$$\Delta_k = g'(S_k)(Y_k - S_k) \text{ (3.21)}$$

$$g'(S_k) = S_k(1 - S_k) \text{ (3.22)}$$

Donde:

E_j = señal de entrada de la neurona

S_k = señal de salida de la neurona

Δ_k = valor delta que debe sufrir modificación el peso

α = coeficiente de aprendizaje

Y_k = salida deseada

-Para la capa oculta

$$W_{ij} = W_{ij} + \alpha E_i \Delta_j \text{ (3.22)}$$

$$\Delta_j = g'(S_j) \sum_{k=1}^{p}(W_{jk}\Delta_k) \text{ (3.23)}$$

$$g'(S_j) = S_j(1 - S_j) \text{ (3.24)}$$

Donde:

E_j = señal de entrada de la neurona

S_j = señal de salida de la neurona

Δ_k = valor delta de la capa de salida

Δ_j = valor delta de la capa oculta

α = coeficiente de aprendizaje

Los resultados se visualizan en el siguiente acápite, los datos a introducir son los del índice climático de dos estaciones, y el de precipitación de una sola estación.

3.8. Pronóstico con RNA, utilizando MODELPRON

Utilizando una relación 2:1, es decir dos entradas y una salida, se introducen los valores en el programa MODELPRON, para realizar el pronóstico del comportamiento de la precipitación como variable dependiente, y los índices climáticos de la NAO y ONI como variables independientes.

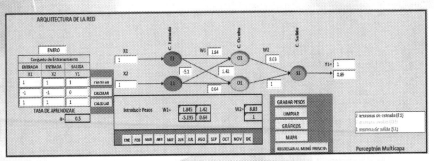

Figura 17: Arquitectura de la RED
Fuente: Elaboración propia (2016).

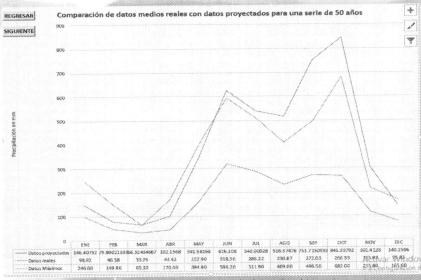

Gráfica 3: Resultado de la proyección de precipitación en el tiempo, con los datos reales y datos máximos
Fuente: Elaboración propia. (2016).

La línea de color plomo son los datos máximos de precipitación, la línea de color naranja son los datos mínimos reales, y la línea de color azul son los datos proyectados.

Los datos proyectados durante los primeros meses de enero hasta mayo, se comportaron por debajo de los datos de precipitación máxima, desde junio hasta diciembre tuvo un comportamiento extremo, ya que la línea de datos proyectados se movió por encima de la línea de datos máximos, y el mes de enero la línea proyectada se mueve por debajo de la línea de datos máximos.

CAPITULO 4

APLICACIÓN DE LA HIDROLOGÍA

"El hombre tiene tres posibles metas, lo que desea, lo que quiere, y lo que pretende; no veamos estas metas como imposibles de alcanzar, veámoslas como algo difíciles de obtener"

Víctor R. Tirado Picado

4.1. Intensidad

Es necesario el análisis de frecuencias de las series de intensidades máximas anuales de precipitación. Los datos se agrupan para diferentes duraciones de lluvia (15, 30, 60, 90, 120 y 360 minutos) y se analizan con la función de distribución de probabilidad Gumbell, para obtener las intensidades máximas de precipitación con diferentes períodos de retorno.

4.1.1. Curvas De Intensidad duración Frecuencia (IDF)

A continuación, se describe el proceso para obtener las curvas IDF, y luego se muestra la aplicación de este proceso en la elaboración de las curvas IDF para la estación Jinotega de la cuenca Río Grande de Matagalpa.

1. Se ordenan los datos de intensidad (I), en orden decreciente
2. Calcular el período de retorno

$$TR = \frac{n+1}{m} \qquad \qquad (4.1)$$

Este es el tiempo promedio en años en que el valor del caudal pico de una creciente determinada es igualada o superada por lo menos una vez.

m: es el número de orden y n: el número de datos.

3. Calcular la probabilidad empírica con la ecuación:

$$P(X > Xm) = \frac{1}{TR} = \frac{m}{m+1} \qquad (4.2)$$

$$P(X \leq Xm) = 1 - P(X > Xm) \qquad (4.3)$$

4. Calcular la media aritmética X y la desviación estándar S_x de los datos de intensidades

$$X = \frac{1}{N}\sum Xi \qquad \qquad (3.4)$$

    X: media aritmética

    Xi: marca de clase

    N: número total de la muestra

$$Sx = \left[\frac{1}{n}\left(\sum_{i=1}^{n}(Xi)^2 - n(X^2)\right)\right]^{1/2} \quad \textbf{(4.5)}$$

5. Calcular los parámetros de alfa (α) y beta (β) de la distribución de Gumbell con:

$$\alpha = \frac{1.281}{Sx} \quad \textbf{(4.6)}$$

$$\beta = X - 0.456\,Sx \quad \textbf{(4.7)}$$

6. Plantear las ecuaciones de las distribuciones de Gumbell de cada duración y sustituir los parámetros α y β.

7. Con las ecuaciones anteriores se calcula para cada duración de lluvia (5, 10,15, 30, 60, 120, 360 min) y el valor observado de la lluvia I. La probabilidad teórica correspondiente.

$$PT = e^{-e^{-\alpha(X-\beta)}} \quad \textbf{(4.8)}$$

8. Luego se calcula la desviación máxima Δmáx entre la probabilidad empírica y la teorica con:

$$\Delta = Pt - Pe \quad \textbf{(4.9)}$$

9. Para cada duración de lluvia, hay una sola Δmáx la cual se compara con Δ₀ crítico de "Smirnov – Kolmogorov"[18]. Donde sí Δmáx ≤ Δ₀ crítico se acepta el ajuste, de lo contrario se rechaza el ajuste y se debe buscar otra función teórica de probabilidad.

---

[18] Blanco Chávez. M. (2003). *Curso de posgrado: Explotación de recursos hídricos.* Universidad Nacional de Ingeniería. Managua, Nicaragua.

N	α			
	0.2	0.1	0.05	0.01
5	0.45	0.51	0.56	0.67
10	0.32	0.37	0.41	0.49
15	0.27	0.3	0.34	0.4
20	0.23	0.26	0.29	0.36
25	0.21	0.24	0.27	0.32
30	0.19	0.22	0.24	0.29
35	0.18	0.2	0.23	0.27
40	0.17	0.19	0.21	0.25
45	0.16	0.18	0.2	0.24
50	0.15	0.17	0.18	0.23

Tabla 15: Delta crítico, Smirnov - Kolmogorov.
Fuente: Blanco Chávez. M. (2003). Curso de posgrado: Explotación de recursos hídricos. Universidad Nacional de Ingeniería. Managua, Nicaragua.

10. Proponer los períodos de retorno que nos interesan en el estudio de las IDF.

11. Una vez que se conocen los TR se puede calcular la P(X > Xm) y con esta a partir de la ecuación de Gumbell obtener el valor de la lluvia correspondiente que es la intensidad buscada "I".

$$I = X = \beta - \frac{\ln[-\ln(1-P)]}{\alpha} \qquad (4.10)$$

Siendo $P = \frac{1}{TR}$ $\qquad (4.11)$

Con los datos obtenidos de INETER para la estación meteorológica de Jinotega, registrados a partir de 1975 al año 2009, con duraciones de lluvia de 5, 10, 15, 30, 60, 120, y 360 minutos (tabla 12). Con N = 35.

INSTITUTO NICARAGÜENSE DE ESTUDIOS TERRITORIALES
INETER

INTENSIDADES MÁXIMAS ANUALES DE PRECIPITACIÓN (mm)

ESTACIÓN : JINOTEGA

Latitud: 13° 05' 06" N
Longitud: 85° 59' 48" W

CÓDIGO : 055020

Elevación: 1032 msnm
Tipo: HMP

Periodo :1975 - 2009

AÑOS	5	10	15	30	60	120	360
1975	117.6	96	70	60	37.3	23	15.5
1976	96	60	50	35.2	18	8.1	4.4
1977	110.4	75.6	62.8	47.2	36.7	18.4	2.5
1978	111.6	74.4	73.2	56.6	34.7	18.1	2.5
1979	124.8	123	91.2	60.4	39.9	23.1	6.6
1980	213.6	148.8	132.4	98	61.7	41.7	4.9
1981	117.6	97.2	96.4	62.8	39.1	23.7	7.1
1982	120	114.6	72	54.8	35.6	22.1	8.6
1983	117.6	116.4	89.6	60.2	45.9	25.4	1.4
1984	126	63	57.2	47.4	35.1	14.8	6.5
1985	130.8	123	96.8	50.8	26.9	11.7	4.1
1986	102	69	53.2	38	36.4	24.6	7.7
1987	63.6	50.4	40.8	34.2	34.2	20.8	8.1
1988	100.8	86.4	86.4	56.4	38	20.2	12.5
1989	100.8	77.4	66.4	56.8	51.1	33.5	2.7
1990	108	85.8	69.6	44	25.3	24.5	6.2
1991	123.6	85.2	62.8	43.2	23.7	10.4	2.2
1992	184.8	148.2	106	58	27.3	15.5	8.4
1993	135.6	124.2	116.4	91	57.7	30.2	3.2
1994	102.8	74.4	60	42	27	14.8	6.1
1995	118.8	118.8	117.6	66.8	42.7	13.2	
1996	240.4	149.4	139.6	96.4	55.7	6.1	
1997	120	88.2	68	55.8	32.6	6	
1998				38.4	28	16.5	8.1
1999	82.8	57	56.8	42.4	28.9	17.2	5.1
2000	118.8	99	68	43.2	29.9	15.5	0.9
2001	69.6	60	50	42	31.6	18.4	4.9
2002	90	64.8	63.2	52	32.9	18.2	6.4
2003	108	87	70	42.4	27.7	22.2	16.4
2004	117.6	94.8	80.4	80.4	28.8	15.2	
2005	118.8	116.4	110.4	64	34.6	19.3	8
2006	114	114	114	85	43.1	26.3	
2007	238.8	143.4	115.2	71	48.3	26.4	10.3
2008	216	144	106	54.4	38	18.7	11.7
2009	120	117.6	82.4	51	30.6	18.7	1.2

Tabla 16: Datos meteorológicos de intensidades Máximas Anuales de Precipitaciones. Estación Jinotega.
Fuente: Dirección de Meteorología INETER (2011). Managua, Nicaragua.

Estos datos al ordenarlos de forma decreciente quedan de la siguiente manera:

Datos	Duración de lluvia						
n	5 min	10 min	15 min	30 min	60 min	120 min	360 min
1	240.4	149.4	139.6	98.0	61.7	41.7	16.4
2	238.8	148.8	132.4	96.4	57.7	33.5	15.5
3	216.0	148.2	117.6	91.0	55.7	30.2	12.5
4	213.6	144.0	116.4	85.0	51.1	26.4	11.7
5	184.8	143.4	116.0	80.4	48.3	26.3	10.3
6	135.6	124.2	106.0	71.0	45.9	25.4	8.6
7	130.8	123.0	115.2	66.8	43.1	24.6	8.4
8	126.0	123.0	114.0	64.0	42.7	24.5	8.1
9	124.8	118.8	110.4	66.8	39.9	23.7	8.1
10	123.6	117.6	96.8	62.8	39.1	23.1	8.0
11	120.0	116.4	96.4	60.4	38.0	23.0	7.7
12	120.0	114.6	91.2	60.0	38.0	22.2	7.1
13	120.0	114.0	89.6	58.0	37.3	22.1	6.6
14	118.8	99.0	86.4	56.8	36.7	20.8	6.5
15	118.8	97.2	82.4	56.6	36.4	20.2	6.4
16	118.8	96.0	80.4	56.4	35.6	19.3	6.2
17	117.6	94.8	73.2	55.8	35.1	18.7	6.1
18	117.6	88.2	72.0	54.8	34.7	18.7	5.1
19	117.6	87.0	70.0	54.4	34.6	18.4	4.9
20	117.6	86.4	70.0	52.0	34.2	18.4	4.9
21	114.0	85.8	69.6	51.0	32.9	18.2	4.4
22	111.6	85.2	68.0	50.8	32.6	18.1	4.1
23	110.4	77.4	66.4	47.4	31.6	17.2	3.2
24	108.0	75.6	63.2	47.2	30.6	16.5	2.7
25	108.0	74.4	62.8	44.0	29.9	15.5	2.5
26	102.8	74.4	62.8	43.2	28.9	15.5	2.5
27	102.0	69.0	60.0	43.2	28.8	15.2	2.2
28	100.8	64.8	57.2	42.4	28.0	14.8	1.4
29	100.8	63.0	56.8	42.4	27.7	14.8	2.2
30	96.0	60.0	53.2	42.0	27.3	13.2	0.9
31	90.0	60.0	50.0	42.0	27.0	11.7	
32	82.8	57.0	50.0	38.4	26.9	10.4	
33	69.6	50.4	40.8	38.0	25.3	8.1	
34	63.6			35.2	23.7	6.1	
35				34.2	18.0	6.0	

Tabla 17: Datos ordenados de intensidades Máximas Anuales de Precipitaciones. Estación Jinotega.
Fuente: Elaboración propia (2011). Aplicación del método de Gumbell.

Datos	Duración de lluvia							TR	Empírica P(X > Xm)	Teorica P(X ≤ Xm)
n	5 min	10 min	15 min	30 min	60 min	120 min	360 min			
1	240.4	149.4	139.6	98.0	61.7	41.7	16.4	35.00	0.0286	0.9714
2	238.8	148.8	132.4	96.4	57.7	33.5	15.5	17.50	0.0571	0.9429
3	216.0	148.2	117.6	91.0	55.7	30.2	12.5	11.67	0.0857	0.9143
4	213.6	144.0	116.4	85.0	51.1	26.4	11.7	8.75	0.1143	0.8857
5	184.8	143.4	116.0	80.4	48.3	26.3	10.3	7.00	0.1429	0.8571
6	135.6	124.2	106.0	71.0	45.9	25.4	8.6	5.83	0.1715	0.8285
7	130.8	123.0	115.2	66.8	43.1	24.6	8.4	5.00	0.2000	0.8000
8	126.0	123.0	114.0	64.0	42.7	24.5	8.1	4.38	0.2283	0.7717
9	124.8	118.8	110.4	66.8	39.9	23.7	8.1	3.89	0.2571	0.7429
10	123.6	117.6	96.8	62.8	39.1	23.1	8.0	3.50	0.2857	0.7143
11	120.0	116.4	96.4	60.4	38.0	23.0	7.7	3.18	0.3145	0.6855
12	120.0	114.6	91.2	60.0	38.0	22.2	7.1	2.92	0.3425	0.6575
13	120.0	114.0	89.6	58.0	37.3	22.1	6.6	2.69	0.3717	0.6283
14	118.8	99.0	86.4	56.8	36.7	20.8	6.5	2.50	0.4000	0.6000
15	118.8	97.2	82.4	56.6	36.4	20.2	6.4	2.33	0.4292	0.5708
16	118.8	96.0	80.4	56.4	35.6	19.3	6.2	2.19	0.4566	0.5434
17	117.6	94.8	73.2	55.8	35.1	18.7	6.1	2.06	0.4854	0.5146
18	117.6	88.2	72.0	54.8	34.7	18.7	5.1	1.94	0.5155	0.4845
19	117.6	87.0	70.0	54.4	34.6	18.4	4.9	1.84	0.5435	0.4565
20	117.6	86.4	70.0	52.0	34.2	18.4	4.9	1.75	0.5714	0.4286
21	114.0	85.8	69.6	51.0	32.9	18.2	4.4	1.67	0.5988	0.4012
22	111.6	85.2	68.0	50.8	32.6	18.1	4.1	1.59	0.6289	0.3711
23	110.4	77.4	66.4	47.4	31.6	17.2	3.2	1.52	0.6579	0.3421
24	108.0	75.6	63.2	47.2	30.6	16.5	2.7	1.46	0.6849	0.3151
25	108.0	74.4	62.8	44.0	29.9	15.5	2.5	1.40	0.7143	0.2857
26	102.8	74.4	62.8	43.2	28.9	15.5	2.5	1.35	0.7407	0.2593
27	102.0	69.0	60.0	43.2	28.8	15.2	2.2	1.30	0.7692	0.2308
28	100.8	64.8	57.2	42.4	28.0	14.8	1.4	1.25	0.8000	0.2000
29	100.8	63.0	56.8	42.4	27.7	14.8	2.2	1.21	0.8264	0.1736
30	96.0	60.0	53.2	42.0	27.3	13.2	0.9	1.17	0.8547	0.1453
31	90.0	60.0	50.0	42.0	27.0	11.7		1.13	0.8850	0.1150
32	82.8	57.0	50.0	38.4	26.9	10.4		1.09	0.9174	0.0826
33	69.6	50.4	40.8	38.0	25.3	8.1		1.06	0.9434	0.0566
34	63.6			35.2	23.7	6.1		1.03	0.9709	0.0291
35				34.2	18.0	6.0		1.00	1.0000	0.0000
Total	4281.6	3231	2736.8	1988.8	1265	682.5	195.2			
Media	164.68	124.27	105.26	76.49	48.65	26.25	7.51			
Sx	42.81	29.72	26.22	16.84	9.86	7.34	3.91			
α	0.030	0.043	0.049	0.076	0.130	0.174	0.328			
ß	145.39	110.88	93.45	68.90	44.21	22.94	5.75			

Tabla 18: Cálculo del período de retorno, probabilidad de ocurrencia de las intensidades de precipitación, desviación estándar y parámetros α y β.
Fuente: Elaboración propia (2011). Aplicación del método de Gumbell.

Para el cálculo del delta crítico se realiza tabla 16, este es para una duración de 5 minutos.

m	Duración 5min	Teorica P(X ≤ Xm)	α * (Dur - β)	Dist. Teorica	Desviación Δ
1	240.4	0.9714	2.8504	0.9972	0.0258
2	238.8	0.9429	2.8024	0.9970	0.0541
3	216	0.9143	2.1184	0.9915	0.0772
4	213.6	0.8857	2.0464	0.9906	0.1049
5	184.8	0.8571	1.1824	0.9660	0.1089
6	135.6	0.8285	-0.2936	0.7287	-0.0998
7	130.8	0.8	-0.4376	0.6752	-0.1248
8	126	0.7717	-0.5816	0.6142	-0.1575
9	124.8	0.7429	-0.6176	0.5978	-0.1451
10	123.6	0.7143	-0.6536	0.5810	-0.1333
11	120	0.6855	-0.7616	0.5281	-0.1574
12	120	0.6575	-0.7616	0.5281	-0.1294
13	120	0.6283	-0.7616	0.5281	-0.1002
14	118.8	0.6	-0.7976	0.5097	-0.0903
15	118.8	0.5708	-0.7976	0.5097	-0.0611
16	118.8	0.5434	-0.7976	0.5097	-0.0337
17	117.6	0.5146	-0.8336	0.4910	-0.0236
18	117.6	0.4845	-0.8336	0.4910	0.0065
19	117.6	0.4565	-0.8336	0.4910	0.0345
20	117.6	0.4286	-0.8336	0.4910	0.0624
21	114	0.4012	-0.9416	0.4332	0.0320
22	111.6	0.3711	-1.0136	0.3938	0.0227
23	110.4	0.3421	-1.0496	0.3740	0.0319
24	108	0.3151	-1.1216	0.3343	0.0192
25	108	0.2857	-1.1216	0.3343	0.0486
26	102.8	0.2593	-1.2776	0.2504	-0.0089
27	102	0.2308	-1.3016	0.2380	0.0072
28	100.8	0.2	-1.3376	0.2198	0.0198
29	100.8	0.1736	-1.3376	0.2198	0.0462
30	96	0.1453	-1.4816	0.1525	0.0072
31	90	0.115	-1.6616	0.0852	-0.0298
32	82.8	0.0826	-1.8776	0.0332	-0.0494
33	69.6	0.0566	-2.2736	0.0021	-0.0545
34	63.6	0.0291	-2.4536	0.0003	-0.0288
35		0	-4.3616	0.0000	0.0000

Tabla 19: Calculo del delta crítico.
Fuente: Elaboración propia (2011). Aplicación del método de Gumbell.

Con el fin de encontrar delta máximo (Δ máx) que es necesario compararlo con el delta crítico (Δ crítico) del estadístico de "Smirnov – Kolmogorov", para un nivel de significancia alfa = 0.05. De acuerdo a la tabla 17, el Δ máx = 0.23 para N = 35.

Duración min.	Delta max	Del critN=26 α=0.05	OBSERVACIONES
5	-0.1574	0.23	Se acepta el ajuste
10	0.1269	0.23	Se acepta el ajuste
15	0.1717	0.23	Se acepta el ajuste
30	0.1733	0.23	Se acepta el ajuste
60	0.1242	0.23	Se acepta el ajuste
120	0.1044	0.23	Se acepta el ajuste
360	0.2023	0.23	Se acepta el ajuste

Tabla 20: Resultados de duración en minutos.
Fuente: Elaboración propia (2011). Comparación de delta máximo y crítico.

A partir de estos resultados se calculó las intensidades para diferentes PR: período de retorno en diferentes duraciones dadas en minutos (ver tabla 20). Con los datos de la siguiente tabla se procedió a graficar estos puntos para obtener las curvas Intensidad – Duración – Frecuencia.

PR años	Duración en minutos						
	5	10	15	30	60	120	360
5	195.386	145.759	124.059	88.640	55.749	31.561	10.320
10	220.400	163.211	139.374	98.514	61.522	35.874	12.608
25	252.006	185.262	158.724	110.990	68.815	41.323	15.499
50	275.453	201.620	173.079	120.245	74.226	45.366	17.643
100	298.726	217.857	187.329	129.432	79.597	49.379	19.772

Tabla 21: Cálculo de Intensidades de lluvia para diferentes períodos de retorno.
Fuente: Elaboración propia (2011): Intensidades de lluvia para diferentes períodos de retorno, estación Jinotega.

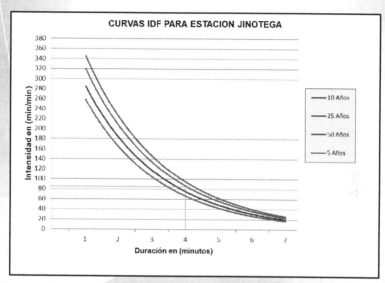

Figura 18: Curvas Intensidad Duración Frecuencia, de la estación Jinotega.

Fuente: Elaboración propia (2011). Curvas IDF, estación Jinotega. Nicaragua.

Estas curvas son útiles para el cálculo de caudal junto a parámetros hidráulicos empleadas en el diseño de proyectos de acuerdo a un período de retorno en función de un evento de diseño que puede ser las máximas precipitaciones que se registran en la zona como una tormenta tropical, huracanes, etc. Para hacer uso de ellas una vez definido el periodo de retorno se intercepta el tiempo con la curva correspondiente a ese período y en el eje de las (Y) se encuentra el valor de la intensidad.

Como ejemplo se tomará el período de 25 años curva verde en la figura 16, para un tiempo de 4min, al interceptar la intensidad toma un valor de 84 min/mm.

4.2. Método Racional

Es una herramienta muy utilizada para predecir descargas de pequeños drenajes. Se adapta para determinar la escorrentía para drenaje superficial de caminos y descarga de alcantarillas de pequeñas cuencas, en este método se supone que la intensidad de lluvia es uniforme sobre toda el área de drenaje para un tiempo considerado. Los mejores resultados se obtienen al emplearlo en cuencas con áreas menores a 5Km².

Este método presume que el máximo caudal de escorrentía de una cuenca de drenaje ocurre cuando la cuenca entera está contribuyendo, y que el caudal de escorrentía es igual a una proporción C de la precipitación promedio. Es decir:

$$Q = \frac{C*I*A}{360} \quad \therefore \quad Q = 0.2778 * C * I * A \qquad \textbf{(4.12)}$$

Q = caudal m³/s

C = coeficiente de escorrentía (adimensional)

I = Intensidad de precipitación en mm/hr

A = Área de la cuenca en Km²

4.2.1. Intensidad de precipitación (I)

Para estimar la precipitación que se debe considerar en el diseño (la máxima correspondiente a un cierto periodo de retorno), se obtiene por la lectura directa en la curva de Intensidad Duración Frecuencia (IDF) de la estación para el periodo de retorno (Tr) seleccionado.

4.2.3. Periodo de retorno

La lluvia de diseño de un sistema de aguas lluvias es un tema relativamente complejo, puesto que depende del grado de seguridad ante las inundaciones que requiera la ciudadanía, o sea el periodo de retorno de la misma.

Por lo tanto, el período de retorno es el intervalo en años, en que determinada precipitación se espera que ocurra, o bien que este evento una vez cada N años, no necesariamente significa que el evento suceda a intervalos constantes de cada N años, más bien existe 1/N de probabilidades que la crecida de N años ocurra dentro de cualquier periodo. Para este diseño se utilizó 25 años

4.2.4. Coeficiente de escorrentía

El coeficiente de escorrentía es la proporción de la precipitación total que circula hacia el drenaje, que depende del estado inicial del suelo de la cuenca, ya que un suelo seco absorbe más agua que un suelo saturado. En general, el volumen del agua que escurre nunca es igual al que se ha precipitado.

Sin embargo, para estudios hidrológicos se asume un valor normalmente conservador pero no arbitrario, sino de una observación detallada de la naturaleza de la superficie, de los usos del suelo (Us), tipo de suelo (Ts) y pendiente del terreno (Pt)

Para este diseño se utilizó C = Us*Ts*Pt, según como se muestra en la tabla 25.

Uso del suelo	Us
Vegetación densa, bosques, cafetal con sombras, pastos	0.04
Malezas, arbustos, solar baldío, cultivos perennes, parques, cementerios, campos deportivos	0.06
Sin vegetación o con cultivos anuales	0.1
Zonas suburbanas (viviendas, negocios)	0.2
Casco urbano y zonas industriales	0.30 – 0.50
Tipo de suelo	Ts
Permeable (terreno arenoso, ceniza volcánica, pómez)	1
Semipermeable (terreno arcilloso arenoso)	1.25
Impermeable (terreno arcilloso, limoso, marga)	1.5
Pendiente del terreno (%)	Pt
0.0 – 3.0	1
3.1 – 5.00	1.5
5.1 – 10.0	2
10.1 – 20.0	2.5
20.1 y mas	3
C = Us * Ts * Pt	

Tabla 22: Parámetros para determinar coeficiente de escorrentía.
Fuente: Alcaldía de Managua (s.f). Estudios Checos. Managua, Nicaragua.

4.2.5. Duración de la lluvia

El caudal producido será máximo si la duración de la lluvia es igual al tiempo de concentración del área drenada. El tiempo de concentración es el tiempo que tarda el agua en llegar desde el punto más alejado de la cuenca hasta el más bajo. Se calcula mediante la ecuación.

$$tc = 0.0041 \left(\frac{3.28 * Lc}{\sqrt{Sc}}\right)^{0.77} \qquad (4.13)$$

Donde:

> tc : Tiempo en minutos (min).
>
> Sc: Pendiente (m/m)
>
> Lc: Longitud del cauce principal en metros (m).

El método racional es utilizado para fines de una construcción hidráulica, tales como: puentes, caja-puente, alcantarilla, cortina hidráulica, sistemas de drenaje, como se muestra a continuación los cálculos para un drenaje superficial de la misma cuenca en estudio (ver anexo 9):

Para la aplicación del método racional con la variante de Muskingum se hace uso del siguiente supuesto de delimitación de cuenca y subcuenca para un cauce natural cualquiera. En el que se desea estudiar de manera hidrológica una sección de puente.

Véase la siguiente figura 18 la cuenca principal delimitado en cuatros subcuencas, luego se prosigue con el cálculo:

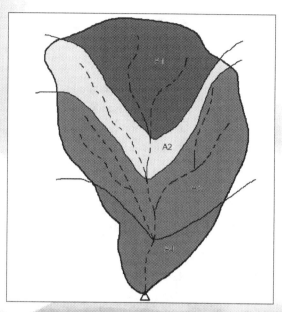

Figura 19: Delimitación de una cuenca con sus tributarios o subcuencas.
Fuente: Elaboración propia. (2011)

Datos	Área	Longitud (Lc)	Altura máx.	Altura mín.	Sc del Terreno		Us	Ts	Pt	C	tc	I	Q_t
	Km²	(m)	Hmax	Hmin	m/m	%			%		(min)	mm/hr	m³/s
Col 1	Col 2	Col 3	Col 4	Col 5	Col 6		Col 7	Col 8	Col 9	Col 10	Col 11	Col 12	Col 13
A 1	1.8	76.16	856.406	855.898	0.007	0.67	0.4	1.5	1.00	0.600	1.98	186.60	55.984
A 2	1.98	86.37	855.898	855.442	0.005	0.53	0.4	1.5	1.00	0.600	2.39	174.91	57.726
A 3	1.95	74.42	855.932	855.495	0.006	0.59	0.4	1.5	1.00	0.600	2.04	184.20	59.870
A 4	1.6	78.22	855.932	855.858	0.001	0.09	0.4	1.5	1.00	0.600	4.29	98.76	26.338

(Encabezado de la tabla: **CALCULO DE CAUDAL**)

Tabla 23: Cálculo de Caudal por el método racional.
Fuente: Elaboración propia (2011). Aplicación del método racional. Nicaragua.

Descripción de la memoria de cálculo de la tabla 23:

Columna 1: Descripción del sector de la Subcuenca a analizar.

Columna 2: Área en Km².

Columna 3: Longitud del cauce en metros.

Columna 4: Elevación a altura máxima del terreno.

Columna 5: Elevación a altura mínima del terreno.

Columna 6: Pendiente del terreno, calculada de la siguiente manera

$$Sc = \frac{856.406 - 855.898}{76.16} = 0.007 \frac{mm}{mm} = 0.67\%$$

Columna 7: Uso del suelo, es zona industrial se ubica en la tabla 25 en el rango 0.30 – 0.50, se emplea el promedio de los dos equivalente a 0.40

Columna 8: Tipo de suelo, de la tabla considerado terreno arcillo 1.50.

Columna 9: Pendiente del terreno también de la tabla, como las pendientes de la columna 6 son menores del 3%, se utiliza 1.

Columna 10: Coeficiente de escorrentía

$$C = Us * Ts * Pt = 0.4 * 1.5 * 1 = 0.6$$

Columna 11: Tiempo de concentración, en minutos

$$tc = 0.0041 \left(\frac{3.28 * [3]}{\sqrt{[6]}} \right)^{0.77} = 0.0041 \left(\frac{3.28 * [76.16]}{\sqrt{[0.67]}} \right)^{0.77} = 1.98 \ min$$

columna 12: Intensidad de diseño, corresponde al valor de intensidad en (mm/h), obtenido de la Gráfica de Curva IDF (Figura 16) cuyo valor obtenido resulta de interceptar el tiempo de concentración (tc), con la Frecuencia de diseño asumida de 25 años.

Columna 13: Caudal aplicando el método racional

$$Q = 0.2778 * [2] * [10] * [12] = 0.2778 * 1.8 * 0.60 * 186.60 = 55.984 \ m^3/s$$

4.3. Hidrogramas sintéticos

Se genera utilizando los datos del tiempo de concentración y su caudal, llamado tiempo pico y caudal pico. Se establece el criterio que la duración de la lluvia es igual al tiempo de concentración de la subcuenca, que a la vez es el tiempo pico del hidrograma y luego se grafican los datos definiendo la ordenada para los valores del caudal y la abscisa para el tiempo. Para cada área se grafica con el tiempo y el caudal obtenido anteriormente.

tc (minutos)	Q (m3/s)
0.0	0.0
0.99	27.992
1.98	55.984
2.97	27.992
3.96	0.0

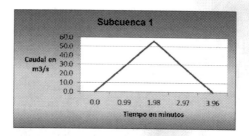

tc (minutos)	Q (m3/s)
0.0	0.0
1.195	28.863
2.39	57.726
3.585	28.863
4.78	0.0

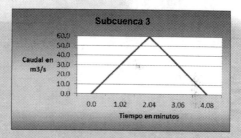

tc (minutos)	Q (m3/s)
0.0	0.0
1.02	29.935
2.04	59.87
3.06	29.935
4.08	0.0

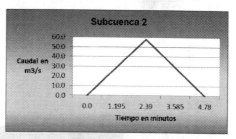

tc (minutos)	Q (m3/s)
0.0	0.0
2.145	13.169
4.29	26.338
6.435	13.169
8.58	0.0

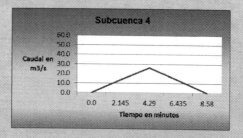

Figura 20: Hidrogramas sintéticos de las 4 subcuencas.

Fuente: Elaboración propia (2011). Nicaragua.

4.4. Determinación de los parámetros para la aplicación del tránsito de avenida

Este método se aplica para transitar el hidrograma obtenido en el punto de control de una subcuenca (ver anexo 9), hacia el próximo punto de control sobre el cauce principal de la cuenca. El tránsito permite amortiguar los caudales a través del tiempo con el propósito de simular la condición del flujo en el cauce del río.

$$O_2 = C_0 I_2 + C_1 I_1 + C_2 O_1 \qquad\qquad (4.14)$$

Donde

O_2: Caudal de salida al momento del transito

I_2: Caudal de entrada al momento del transito

O_1: Caudal de salida un instante antes del transito

I_1: Caudal de entrada un instante antes del transito

C_0, C_1, C_2: Coeficientes de rugosidad del cauce

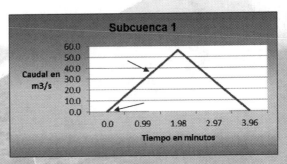

Figura 21: Hidrogramas sintético de subcuenca 1, para determinar parámetros.
Fuente: Elaboración propia (2011). Nicaragua.

4.4.1. Calculo de los parámetros para el transito

a) Velocidad de tránsito (Vt)

Para el primer tránsito es la velocidad del flujo en la primera subcuenca. Se calcula con:

$$V = \frac{L}{t_c} \qquad\qquad (4.15)$$

Donde

V: Velocidad del flujo

L: Longitud total del cauce en la subcuenca

t_c: Tiempo de concentración en la subcuenca

b) Longitud de tránsito (Lt)

Es la distancia entre dos puntos de control consecutivos, medidos sobre el cauce principal de la cuenca.

c) Tiempo de retardo (K)

Representa el desfase entre el tiempo pico del hidrograma a transitar y el tiempo pico del hidrograma transitado.

$$K = \frac{L_t}{V_t} \qquad \text{(4.16)}$$

K: Tiempo de retardo

L_t: Longitud del tramo del cauce principal a través del cual se hará el tránsito.

V_t: Velocidad del tránsito a realizar.

d) Tiempo del hidrograma a transitar (t)

Es el cociente que resulta al dividir como mínimo por 2 el tiempo pico del hidrograma a transitar. Si al menos un coeficiente de rugosidad de la ecuación del tránsito es negativo, el tiempo pico se divide por 3, 4, 5...n veces hasta obtener coeficiente de rugosidad positiva. Si después de varias subdivisiones el valor continúa negativo, significa que habrá pérdida de caudal en el tránsito, lo que ocurre si el tiempo de retardo (K) es mucho menor que el tiempo pico del hidrograma a transitar, o sea:

$$K < t_{pico} \qquad \text{(4 .18)}$$

e) Coeficientes de rugosidad

$$C_0 = -\frac{(KX - 0.5t)}{K - KX + 0.5t} \qquad \text{(4.19)}$$

$$C_1 = \frac{(KX + 0.5t)}{K - KX + 0.5t} \qquad (4.20)$$

$$C_2 = \frac{(K - KX - 0.5t)}{K - KX + 0.5t} \qquad (4.21)$$

Donde:

K: Tiempo de retardo o constante de almacenamiento en minutos

t: Tiempo del hidrograma a transitar.

X: Expresa la importancia relativa de las entradas y salidas del flujo al tramo en el almacenamiento del mismo. Su valor se obtiene por el método de las Lazadas y oscila entre 0.10 y 0.30 según las características del cauce. Para cauces se utiliza el valor promedio de 0.20.

Si se encuentran disponibles Hidrogramas de entrada y salida observados para un tramo del canal, pueden determinarse los valores de K y X. Suponiendo varios valores de X y utilizando valores conocidos de caudal de entrada y caudal de salida, pueden calcularse valores sucesivos del numerador y denominador para la siguiente expresión para K:

$$K = \frac{0.5\,\Delta t\left[(I_{j+1} + I_j) - (Q_{j+1} + Q_j)\right]}{X(I_{j+1} - I_j) + (1 - X)(Q_{j+1} - Q_j)} \qquad (4.22)$$

Los valores calculados de denominador y de numerador se grafican para cada intervalo de tiempo, con el numerador en la escala vertical y el denominador en la escala horizontal. Como K es el tiempo requerido para que la onda de creciente incremental a traviese el tramo, su valor también puede estimarse como el tiempo de transito observado del pico de flujo a través del tramo.

Los coeficientes de rugosidad deben de cumplir:

$$C_0 + C_1 + C_2 = 1 \qquad (4.23)$$

Aplicando estas ecuaciones se presenta un resumen de los parámetros del tránsito en estudio:

			CALCULO DE LOS PARAMETROS DEL TRANSITO									
SUB CUENCA	DE	A	Vcuenca	Vtransito	Ltransito	K	t	X	C0	C1	C2	SUMA
			m/min	m/min	m	min	min					
1	2	3	4	5	6	7	8	9	10	11	12	13
Parametro de transito del punto de control 1 al punto de control 2												
	1.00	2.00										
M-1			38.47									
M-2			36.19	37.33	162.53	4.35	1.09	0.20	-0.08	0.35	0.73	1.00
Parametro de transito del punto de control 2 al punto de control 3												
	2.00	3.00										
Vt(1-2)			37.33									
M-3			36.43	36.88	160.79	4.36	1.02	0.20	-0.09	0.35	0.74	1.00
Parametro de transito del punto de control 3 al punto de control 4												
	3.00	4.00										
Vt(2-3)			36.88									
M-4			18.25	27.56	152.64	5.54	0.00	0.20	-0.25	0.25	1.00	1.00

Tabla 24: Cálculo de parámetros para el método de tránsito.
Fuente: Elaboración propia (2011). Parámetros de Tránsito. Nicaragua.

4.4.2. Secuencia lógica en la aplicación del método

a. Tránsito del hidrograma del primero al segundo punto

El procedimiento se realiza de aguas arriba hacia aguas abajo partiendo del primer punto de control y utilizando el hidrograma triangular sintético en este punto. Si dos o más subcuencas convergen en dicho punto, se hará una suma de hidrograma triangulares y el hidrograma resultante se transita hacia el segundo punto de control.

Una vez calculado los coeficientes de rugosidad, se procede a realizar el tránsito del hidrograma por medio de la ecuación del tránsito.

El transito se concluye cuando el caudal de salida (O_2) alcanza el valor cero en un tiempo total acumulado que resulta de sumar consecutivamente el intervalo de tiempo (t) del hidrograma a transitar, hasta el valor del caudal antes mencionado.

El transito se realiza considerando ingresos y egresos del caudal.

Hidrograma M1 y M2 en el punto 1 transitado al punto 2							
K=	4.354		t=	1.092			
C0=	-0.08	C1=	0.352	C2=	0.7291		
t (min)	C0*I2	C1*I1	C2*O1	antes del trans		momento del trans	
				I1	O1	I2	O2
1	2	3	4	5	6	7	8
0.00	0.00	0.00	0.00	0.00	0.00	0.00	0.00
1.09	-3.36	0.00	0.00	0.00	0.00	41.65	-3.36
2.18	-6.72	14.64	-2.45	41.65	-3.36	83.30	5.48
3.27	-7.32	29.29	3.99	83.30	5.48	90.70	25.96
4.37	-6.31	31.89	18.93	90.70	25.96	78.25	44.51
5.46	-4.41	27.51	32.45	78.25	44.51	54.63	55.55
6.55	-5.31	19.21	40.50	54.63	55.55	65.80	54.40
7.64	0.00	23.14	39.66	65.80	54.40	0.00	62.80
8.73	0.00	0.00	45.78	0.00	62.80	0.00	45.78
9.82	0.00	0.00	33.38	0.00	45.78		33.38
10.92	0.00	0.00	24.34	0.00	33.38		24.34
12.01	0.00	0.00	17.74	0.00	24.34		17.74
13.10	0.00	0.00	12.94	0.00	17.74		12.94
14.19	0.00	0.00	9.43	0.00	12.94		9.43
15.28	0.00	0.00	6.88	0.00	9.43		6.88
16.37	0.00	0.00	5.01	0.00	6.88		5.01
17.47	0.00	0.00	3.65	0.00	5.01		3.65
18.56	0.00	0.00	2.66	0.00	3.65		2.66
19.65	0.00	0.00	1.94	0.00	2.66		1.94
20.74	0.00	0.00	1.42	0.00	1.94		1.42

Tabla 25: Cálculo para gráfico de Hidrograma transitado 1 - 2.

Fuente: Elaboración propia (2011). Tabla para hidrograma transitado. Nicaragua.

b. Grafico del hidrograma transitado

Se elabora el grafico Caudal vs. Tiempo del hidrograma transitado.

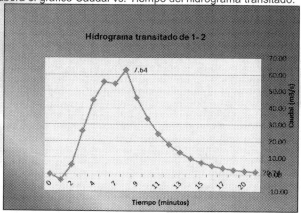

Figura 22: Hidrograma transitado de 1 - 2.
Fuente: Elaboración propia (2011). Hidrograma transitado 1 – 2. Nicaragua.

c. Suma de hidrograma en el segundo punto

Se suma el hidrograma transitado y el hidrograma triangular sintético de la o las subcuencas que convergen hacia el segundo punto. El hidrograma suma se obtiene colocando los tiempos de los hidrogramas a sumar en orden cronológico ascendente con su respectivo caudal.

Hidrograma Suma en el punto de cierre No 1 (M-1 +M-2				
t	Hidrograma M1	Hidrograma M2	HT 1-2	Suma
min	(m³/s)	(m³/s)	(m³/s)	(m³/s)
1	2	3	4	5
0.00	0.00	0.00	0.00	0.00
0.99	27.99	13.66	3.39	45.04
1.19	28.86	16.42	4.08	49.36
1.98	55.98	27.32	2.27	85.57
2.39	57.72	32.98	1.33	92.03
2.97	27.99	30.20	5.60	63.79
3.58	28.86	20.40	8.95	58.21
3.96	0.00	10.20	14.53	24.73
4.77	0.00	0.00	20.20	20.20
5.29	0.00	0.00	0.00	0.00
5.89	0.00	0.00	0.00	0.00

Tabla 26: Cálculo para Hidrograma suma en el punto de cierre 1.
Fuente: Elaboración propia (2011). Hidrograma suma. Nicaragua.

d. Grafico del hidrograma suma en el segundo punto

Se elabora en papel milimetrado del grafico Caudal vs. Tiempo utilizando los tiempos en orden cronológico ascendente y los caudales respectivos resultantes de la suma.

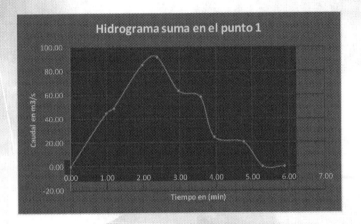

Figura 23: Hidrograma suma en el punto 1.

Fuente: Elaboración propia (2011). Hidrograma suma en el punto 1. Nicaragua.

Se prosigue la secuencia lógica del método hasta finalizar los cálculos en el punto de cierre de la cuenca. Del hidrograma suma o hidrograma resultante en este punto se lee el caudal máximo que corresponde al caudal de diseño para el periodo de retorno (TR) seleccionado, caudal máximo 92.03m³/s.

Conclusiones

⊕ En la ingeniería es necesario el estudio de la hidrología para determinar eventos que se involucran en el diseño y operación de proyectos para el control y aprovechamiento del agua.

⊕ En Nicaragua se debe invertir más en el desarrollo y avance de la red hidrométrica y meteorológica, específicamente en la vertiente del Atlántico que es la que posee la mayor cantidad de cuencas hidrográficas del país.

⊕ En la Subcuenca estudiada Río Grande de Matagalpa (Alta) las características dependen de la morfología, los tipos de suelos, la capa vegetal, la geología, las prácticas agrícolas de la zona.

⊕ En las observaciones tomadas en las estaciones meteorológicas existen datos faltantes por una u otra razón los cuales se pueden calcular aplicando diversos métodos estadísticos.

⊕ Para construcciones hidráulicas es indispensable un estudio hidrológico para determinar el caudal máximo en: puentes, caja-puente, alcantarilla, cortina hidráulica, sistemas de drenaje, entre otros. Con el fin de planificar para eventos o acontecimientos como las inundaciones.

En relación al desarrollo de los casos prácticos donde se implementan métodos de cálculo para los estudios hidrológicos, este se valora de muy importante, ya que se logra comprobar una vez más que la hidrológica tiene un papel muy importante en el planeamiento de los recursos hidráulicos, y ha llegado a convertirse en parte fundamental de los proyectos de ingeniería que tienen que ver con suministros de agua, disposición de agua servidas, drenajes, protección contra acción de ríos y recreación. De otro lado la integración de la hidrología con la Geografía matemática es especial a través de los sistemas de información geográficas ha conducido al uso imprescindible del computado en el procesamiento de información existente y en la simulación de ocurrencia de eventos futuros

APLICACIONES PRÁCTICAS DE LA HIDROLOGÍA

La hidrología posee aplicaciones prácticas tales como, investigaciones y estudios, diseño y operación de obras, aprovechamiento, control y conservación del agua.

Estudio y construcción de obras hidráulicas:
Fijación de las dimensiones hidráulicas en las obras de ingeniería como son la determinación de los caudales máximos esperados en un vertedero, alcantarilla o sistema de drenaje urbano.

Proyectos de Presas:
Determinación de la capacidad de embalse requerido para asegurar el suministro adecuado de agua para irrigación o consumo municipal e industrial, así como los métodos de construcción.

Drenajes:
Evaluación de las condiciones de alimentación y de escurrimiento natural de las aguas y del nivel freático.

Irrigación:
Estudio de los fenómenos de evaporación e infiltración y aprovechamiento de las aguas.

Regulación de los cursos de aguas y control de inundaciones:
Estudio de variación de caudales y previsión de crecientes máximas así como el establecimiento del efecto que producen las embalses, diques y otras obras sobre las avenidas de corrientes de aguas (crecientes).

Control de la contaminación hídrica:

Análisis de la capacidad de los cuerpos receptores de efluentes de sistemas de aguas industriales y urbanas.

Control de la erosión:

Mediante el análisis de:

-Intensidad y frecuencia de las precipitaciones máximas.

-Determinación de coeficientes de escorrentía superficial.

-Estudio de la acción erosiva de las aguas.

-Protección de esta mediante recursos (vegetación, etc...)

Aprovechamiento Hidroeléctrico Multipropósito:

Estudio económico y dimensionamiento de las instalaciones, determinando caudales máximos, mínimos y promedios de las aguas, sedimentación, evaporación e inflación, operación de sistemas hidráulicos complejos, reacción y preservación del medio ambiente y vida acuática.

Bibliografía

1. Alcaldía de Managua (s.f). Estudios Checos. Managua, Nicaragua.

2. Aparicio, F. (1992). *Fundamentos de Hidrología de Superficie*. México: Editorial LIMUSA S.A de C.V

3. Blanco Chávez. M. (2003). *Curso de posgrado: Explotación de recursos hídricos*. Universidad Nacional de Ingeniería. Managua, Nicaragua.

4. Asamblea Nacional de la República de Nicaragua. (1981). *Decreto No 830*. Publicada en la Gaceta Diario oficial No. 224 de 26 de octubre de 1981.

5. Asamblea Nacional de la República de Nicaragua. (1998). *Ley 290*. Publicada en la Gaceta Diario oficial No. 102 de 03 de junio de 1998.

6. Condori H, (s.f). Hidrometría. Recuperado el 03 de agosto de 2011, de, http://www.eumed.net/libros/2009b/564/CONCEPTOS%20BASICOS%20SOBRE%20H IDROMETRIA.htm

7. Instituto de Nicaragüense de Estudios Territoriales (INETER). *Catálogo de Estaciones Meteorológicas de Nicaragua*. Dirección de Meteorología.

8. Instituto Nicaragüense de Estudios Territoriales (INETER), (2010). *Plan de negocios para la dirección de Meteorología del INETER*. Nicaragua.

9. Instituto Nicaragüense de Estudios Territoriales (INETER). *Catálogo General de Estaciones Hidrométricas*. Dirección de Recursos Hídricos. Departamento de Hidrología Superficial. Managua, Nicaragua.

10. Instituto Nicaragüense de Estudios Territoriales (INETER). *Boletín Informativo*. Recuperado el 03 de agosto de 2011 de, http://webserver2. ineter.gob.ni/direcciones/recursohidricos/boletin/edanterior/bol32002/bol3pag2.html

11. Monsalve, G (1999). Hidrología en la Ingeniería. México: Alfaomega Grupo Editor S.A. de C.V.

12. Organización Meteorológica Mundial (OMM).*Reglamento Técnico* (OMM N49).

13. Ven Te Chow, Maidment D. (1994). *Hidrología Aplicada*. McGraw Hill.

ANEXOS

"Una palabra correcta cambia la mentalidad del hombre, una verdad relativa cambia el rumbo y la perspectiva de la vida, se tu propio autor de tu destino"

Victor R. Tirado Picado

Anexo 1: Mapa de las 21 Cuencas Hidrográficas de Nicaragua

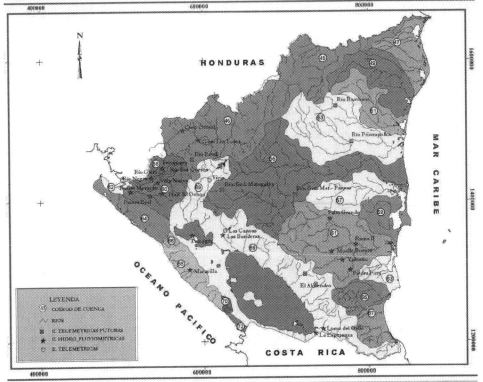

Fuente: Dirección de Recursos Hídricos. INETER

Anexo 2: Mapa de Red Meteorológica Automática de Seguimiento a la Sequía en Tiempo Real

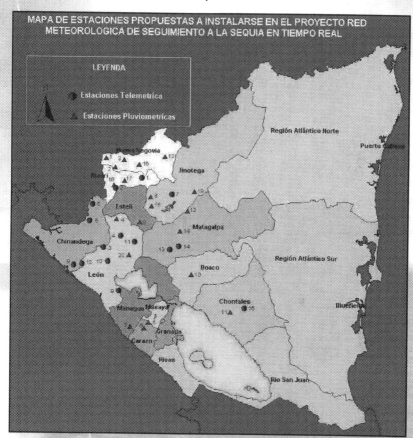

Fuente: Instituto Nicaragüense de Estudio Territoriales (INETER). Boletín Semestral. Dirección de Recursos Hídricos. Recuperado el 03 de agosto de 2011 de, http://webserver2.ineter.gob.ni/direcciones/recursohidricos/boletin/edanterior/bol32002/bol3pag2.html

Anexo 3: Mapa de Proyecto Programa Regional de Reconstrucción para América Central

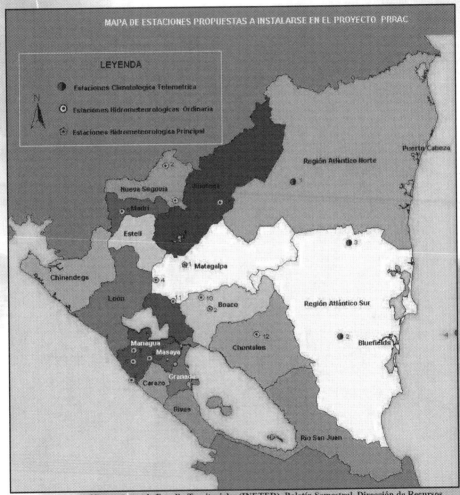

Fuente: Instituto Nicaragüense de Estudio Territoriales (INETER). Boletín Semestral. Dirección de Recursos Hídricos. Recuperado el 03 de agosto de 2011 de, http://webserver2.ineter.gob.ni/direcciones/recursohidricos/boletin/edanterior/bol32002/bol3pag2.html

Anexo 4: Ubicación de Cuenca 55 Río Grande de Matagalpa

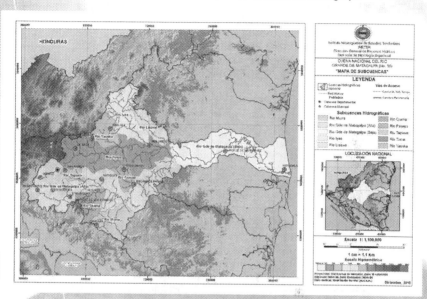

Fuente: Dirección de Recursos Hídricos. INETER

Anexo 5: Ubicación de Cuenca 55 Río Grande de Matagalpa

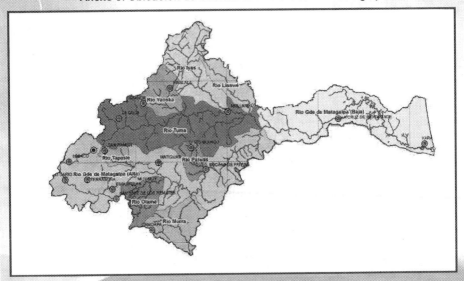

Fuente: Dirección de Recursos Hídricos. INETER

Anexo 6: Subcuenca Delimitada de la 55, Río Grande de Matagalpa Parte alta

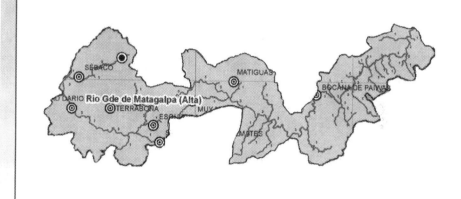

Fuente: Dirección de Recursos Hídricos. INETER. Editada por autor (2011)

Anexo 7: Estaciones meteorológicas en la Cuenca 55 Río Grande de Matagalpa

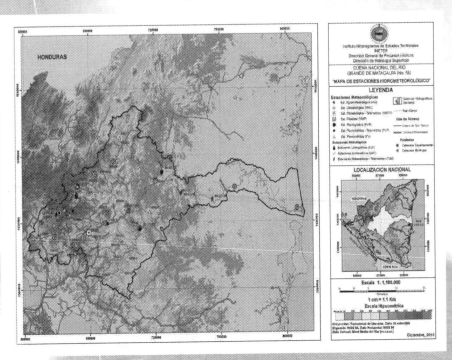

Fuente: Dirección de Recursos Hídricos. INETER.

Anexo 8: Valores críticos de la distribución t de Student

Tabla de valores críticos de la distribución t de Student

Niveles de Significancia DOS COLA

	0.500	0.250	0.200	0.100	0.050	0.025	0.020	0.010	0.005
1	1.00	2.41	3.08	6.31	12.71	25.45	31.82	63.66	127.32
2	0.82	1.60	1.89	2.92	4.30	6.21	6.96	9.92	14.09
3	0.76	1.42	1.64	2.35	3.18	4.18	4.54	5.84	7.45
4	0.74	1.34	1.53	2.13	2.78	3.50	3.75	4.60	5.60
5	0.73	1.30	1.48	2.02	2.57	3.16	3.36	4.03	4.77
6	0.72	1.27	1.44	1.94	2.45	2.97	3.14	3.71	4.32
7	0.71	1.25	1.41	1.89	2.36	2.84	3.00	3.50	4.03
8	0.71	1.24	1.40	1.86	2.31	2.75	2.90	3.36	3.83
9	0.70	1.23	1.38	1.83	2.26	2.69	2.82	3.25	3.69
10	0.70	1.22	1.37	1.81	2.23	2.63	2.76	3.17	3.58
11	0.70	1.21	1.36	1.80	2.20	2.59	2.72	3.11	3.50
12	0.70	1.21	1.36	1.78	2.18	2.56	2.68	3.05	3.43
13	0.69	1.20	1.35	1.77	2.16	2.53	2.65	3.01	3.37
14	0.69	1.20	1.35	1.76	2.14	2.51	2.62	2.98	3.33
15	0.69	1.20	1.34	1.75	2.13	2.49	2.60	2.95	3.29
16	0.69	1.19	1.34	1.75	2.12	2.47	2.58	2.92	3.25
17	0.69	1.19	1.33	1.74	2.11	2.46	2.57	2.90	3.22
18	0.69	1.19	1.33	1.73	2.10	2.45	2.55	2.88	3.20
19	0.69	1.19	1.33	1.73	2.09	2.43	2.54	2.86	3.17
20	0.69	1.18	1.33	1.72	2.09	2.42	2.53	2.85	3.15
21	0.69	1.18	1.32	1.72	2.08	2.41	2.52	2.83	3.14
22	0.69	1.18	1.32	1.72	2.07	2.41	2.51	2.82	3.12
23	0.69	1.18	1.32	1.71	2.07	2.40	2.50	2.81	3.10
24	0.68	1.18	1.32	1.71	2.06	2.39	2.49	2.80	3.09
25	0.68	1.18	1.32	1.71	2.06	2.38	2.49	2.79	3.08
26	0.68	1.18	1.31	1.71	2.06	2.38	2.48	2.78	3.07
27	0.68	1.18	1.31	1.70	2.05	2.37	2.47	2.77	3.06
28	0.68	1.17	1.31	1.70	2.05	2.37	2.47	2.76	3.05
29	0.68	1.17	1.31	1.70	2.05	2.36	2.46	2.76	3.04
30	0.68	1.17	1.31	1.70	2.04	2.36	2.46	2.75	3.03
31	0.68	1.17	1.31	1.70	2.04	2.36	2.45	2.74	3.02
32	0.68	1.17	1.31	1.69	2.04	2.35	2.45	2.74	3.01
33	0.68	1.17	1.31	1.69	2.03	2.35	2.44	2.73	3.01
34	0.68	1.17	1.31	1.69	2.03	2.35	2.44	2.73	3.00
35	0.68	1.17	1.31	1.69	2.03	2.34	2.44	2.72	3.00
36	0.68	1.17	1.31	1.69	2.03	2.34	2.43	2.72	2.99
37	0.68	1.17	1.30	1.69	2.03	2.34	2.43	2.72	2.99
38	0.68	1.17	1.30	1.69	2.02	2.33	2.43	2.71	2.98
39	0.68	1.17	1.30	1.68	2.02	2.33	2.43	2.71	2.98
40	0.68	1.17	1.30	1.68	2.02	2.33	2.42	2.70	2.97
	0.250	0.125	0.100	0.050	0.025	0.013	0.010	0.005	0.003

Niveles de Significancia UNA COLA

Anexo 9: Mapa de subcuenca para el método racional y de tránsito avenida, de la cuenca 55 Río Grande de Matagalpa

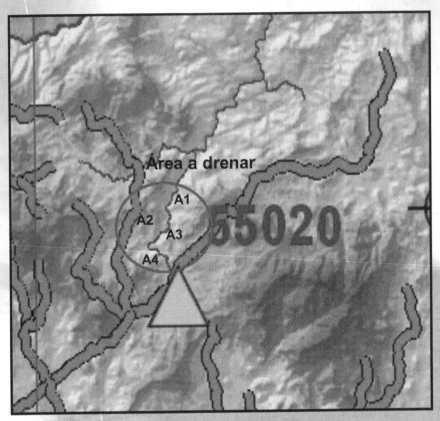

Fuente: Elaboración propia (2011)

Anexo 10: Datos de índice climático NAO y ONI

AÑOS	Patrón Climático con mayor dominio en el clima de Europa (NAO)											
	ENERO	FEBRERO	MARZO	ABRIL	MAYO	JUNIO	JULIO	AGOSTO	SEPTIEMBRE	OCTUBRE	NOVIEMBRE	DICIEMBRE
1948	-	-	-	-	-	-	-	-	-	-	-	-
1949	-	-	-	-	-	-	-	-	-	-	-	-
1950	0.56	0.01	-0.78	0.65	-0.5	0.25	-1.23	-0.19	0.39	1.43	-1.46	-1.03
1951	-0.42	0.35	-1.47	-0.38	-0.5	-1.35	1.39	-0.41	-1.18	2.54	-0.54	1.13
1952	0.57	-1.38	-1.97	0.95	-0.99	-0.1	-0.06	-0.49	-0.38	-0.28	-1.32	-0.49
1953	-0.12	-1	-0.45	-1.96	-0.56	1.41	0.43	-1.04	-0.19	1.95	0.96	-0.52
1954	-0.08	0.4	-1.27	1.31	-0.03	0.06	-0.57	-2.57	-0.28	1.16	0.29	0.55
1955	-2.65	-1.71	-0.96	-0.6	-0.26	-0.8	1.78	1.25	0.46	-1.09	-1.49	0.07
1956	-0.76	-1.71	-0.46	-1.3	2.1	0.41	-0.72	-1.89	0.38	1.47	0.4	0
1957	0.71	-0.32	-1.73	0.39	-0.68	-0.42	-1.16	-0.83	-1.47	1.95	0.63	0.02
1958	-1.14	-1.64	-2.46	0.26	-0.17	-1.08	-1.69	-2.13	0.08	0.68	1.59	-0.74
1959	-1.52	0.33	-0.56	0.25	0.41	0.71	0.77	-0.05	1	1.48	0.3	0.32
1960	-2.01	-2.59	-0.93	1.33	0.47	0.1	0.38	-1.93	0.53	-1.37	-0.67	-0.03
1961	-0.03	0.07	0.17	-1.83	-0.28	1.17	-0.36	1.03	1.36	1.07	-0.79	-1.46
1962	0.2	0.18	-2.99	0.93	-0.04	0.47	-2.43	0.05	-0.21	0.96	-0.38	-1.31
1963	-2.98	-1.53	-0.85	-1.61	2.05	-0.13	-0.74	-0.95	1.89	1.53	-1.47	-1.87
1964	-1.62	-2.06	-1.66	0.25	0.53	1.61	1.92	-2.4	0.34	1.32	-0.14	-0.23
1965	-0.65	-2.2	-1.99	0.64	-0.52	0.6	0.35	0.45	0.51	0.92	-1.88	1.18
1966	-2.54	-2.02	0.18	-0.96	0.25	1.37	0.35	-2.39	-0.29	-0.23	-0.18	0.58
1967	-1.55	-0.23	1.18	0.05	-0.87	1.72	0.44	1.73	1.05	0.59	0.5	-0.51
1968	-0.36	-1.91	0.02	-1.32	-1.58	0.64	-0.77	-0.97	-1.73	-1.99	-1.11	-1.39
1969	-1.48	-2.2	-2.04	1.52	0.56	0.86	0.6	-1.99	2.17	1.23	-1.14	-0.35
1970	-2.26	0.28	-1.41	-1.56	1.11	1.87	0.13	0	0.06	-0.49	-0.76	-1.2
1971	-1.82	-0.17	-1.28	-0.41	0.51	-1.28	0.27	1.87	0.53	1.14	-0.34	0.47
1972	-0.19	-0.08	0.35	-0.38	0.93	1.19	0.21	1.57	0.03	1.7	0.43	0.09
1973	-0.46	0.52	-0.09	-0.73	-0.36	0.7	0.6	-0.2	-0.15	-0.84	-1.11	0.21
1974	1.05	-0.6	-0.43	0.41	-0.17	0.17	-0.73	-0.95	0.95	1.04	-0.7	1.3
1975	0.17	-1.15	-1.04	-1.89	-0.43	-0.54	1.57	-0.46	1.67	-0.08	0.3	-0.09
1976	-0.8	0.61	0.38	0.14	0.94	1.11	-0.29	2.34	-1.11	0.42	0.04	-1.57
1977	-1.72	-1	-1.25	0.56	-0.75	-0.27	-0.42	-0.49	0.51	1.08	-0.21	-1.02
1978	0.26	-2.94	0.33	-1.42	1.05	1.7	-1.11	0.7	0.6	2.61	3.06	-1.54
1979	-2.12	-1.2	0.41	-2.01	-0.9	1.92	0.86	1.11	1.13	0.18	0.42	0.84
1980	-1.38	-0.39	-0.73	1.26	-1.34	-0.07	-0.39	-3.01	0.79	-1.41	-0.52	0.63
1981	-0.08	0.6	-1.65	0.25	0.24	-0.15	0.08	0.38	-1.27	-0.96	-0.53	-0.11
1982	-1.55	0.86	0.8	-0.04	-0.44	-1.34	1.18	0.21	1.86	-0.29	1.55	1.56
1983	1.34	-1.04	0.59	-1.07	-0.01	1.31	1.22	1.95	-0.95	1.22	-1.16	0.18
1984	1.42	0.37	-0.79	-0.45	0.55	-0.12	-0.04	1.35	0.31	0.43	-0.2	-0.09
1985	-2.38	-1	-0.19	0.2	-0.4	-0.5	1.25	-0.74	-0.36	1.49	-0.84	0.11
1986	0.78	-1.48	1.39	-0.79	0.84	1.54	0.15	-1.53	-0.95	2.2	2.27	0.83
1987	-1.85	-1.27	-0.26	2.03	0.96	-1.53	0.55	-1.19	-1.04	0.66	0.06	0.21
1988	0.68	0.42	-0.58	-1.42	0.64	1.19	-0.32	-0.07	-0.82	-0.66	-0.49	0.48
1989	0.85	1.82	1.54	0.16	1.33	0.03	1	-0.11	2.15	0.48	0.03	-1.15
1990	0.7	1.16	1.13	2.03	1.37	0.29	0.56	1.12	1.18	0.76	-0.39	0.11
1991	0.49	0.74	-0.61	0.17	0.12	-0.52	-0.46	1.46	0.61	0.3	0.37	0.34
1992	-0.66	0.77	0.51	1.88	2.49	0.51	0.19	0.97	-0.28	-1.4	1.12	0.35
1993	1.35	0.12	0.3	0.91	-0.67	-0.29	-3.14	0.03	-0.41	-0.26	2.56	1.36
1994	0.7	0.08	0.92	1.1	-0.48	1.84	1.34	0.36	-1.14	-0.54	0.54	1.78
1995	0.57	0.85	0.91	-1.07	-1.33	0.44	-0.19	0.76	0.45	0.72	-1.59	-1.64
1996	-0.65	-0.52	-0.66	-0.33	-0.93	0.87	0.7	1.19	-0.69	0.15	-0.72	-1.4
1997	-1.08	1.48	1.13	-1.25	-0.21	-1.17	0.37	0.94	0.74	-1.34	-1.08	-0.98
1998	-0.05	-0.57	0.51	-0.88	-1.17	-2.44	-0.45	-0.15	-1.8	0.2	-0.43	0.72
1999	0.39	-0.11	-0.16	-1.18	0.9	1.44	-0.87	0.38	0.5	0.73	0.55	1.4
2000	0.19	1.48	0.4	-0.18	1.52	0.28	-1	-0.5	-0.06	1.51	-1.1	-0.63
2001	-0.22	0.07	-1.73	-0.15	0.03	0.11	-0.22	-0.22	-0.49	0.25	0.53	-0.86
2002	0	0.8	0.32	1.14	-0.15	0.69	0.65	0.36	-0.54	-1.97	-0.32	-0.96
2003	-0.32	0.26	-0.07	-0.34	0.06	0.24	0.16	-0.22	0.16	-0.86	0.77	0.5
2004	-0.85	-0.6	0.67	1.11	0.23	-0.59	1.16	-0.74	0.52	-0.69	0.63	1.03
2005	1.26	-0.51	-2.32	-0.47	-1.11	0.26	-0.48	0.35	0.76	-0.55	-0.46	-0.5
2006	0.97	-1.02	-1.75	1.2	-1.01	1.15	0.93	-2.35	-1.43	-1.92	0.33	1.15
2007	-0.25	-0.98	1.11	0.04	0.66	-1.01	-0.55	-0.31	0.85	1	0.48	0.23
2008	0.53	0.38	-0.32	-1.31	-1.55	-1.09	-1.24	-1.62	1.14	0.47	-0.47	-0.35
2009	-0.52	-0.38	0.19	-0.36	1.61	-0.91	-2.11	-0.37	1.62	-0.61	-0.16	-1.88
2010	-1.8	-2.69	-1.33	-0.93	-1.33	-0.52	-0.39	-1.69	-0.62	-0.5	-1.84	-1.8
2011	-1.53	0.35	0.24	2.55	-0.01	-0.98	-1.48	-1.85	0.67	0.94	1.3	2.25
2012	0.86	0.03	0.93	0.37	-0.79	-2.25	-1.29	-1.39	-0.43	-1.73	-0.74	0.07
2013	-0.11	-0.96	-2.09	0.6	0.58	0.83	0.7	1.12	0.38	-0.88	0.81	0.79
2014	-0.17	1.07	0.44	0.19	-0.8	-0.67	0.21	-2.28	1.72	-0.87	-	-
MEDIA	-0.4328	-0.4123	-0.4040	-0.0577	-0.0157	0.1683	-0.0377	-0.2714	0.1812	0.2792	-0.0923	-0.0759

Indice de Oscilacion del Sur, refleja precion entre Tahiti y Darwing. Valores negativo niño, positivos niña

AÑOS	ENERO	FEBRERO	MARZO	ABRIL	MAYO	JUNIO	JULIO	AGOSTO	SEPTIEMBRE	OCTUBRE	NOVIEMBRE	DICIEMBRE
1951	1.5	0.9	-0.1	-0.3	-0.7	0.2	-1	-0.2	-1.1	-1	-0.8	-0.7
1952	-0.9	-0.6	0.5	-0.2	0.8	0.7	0.5	0.1	-0.2	0.4	0	-1.2
1953	0.3	-0.5	-0.2	0.2	-1.7	0.1	0	-1.2	-1.2	0.1	-0.3	-0.5
1954	0.7	-0.3	0.3	0.6	0.5	0.1	0.4	1.1	0.2	0.3	0.1	1.4
1955	-0.5	1.9	0.6	-0.1	1	1.3	1.6	1.5	1.3	1.5	1.2	1
1956	1.3	1.6	1.3	0.9	1.4	1.1	1.1	1.2	0.1	1.8	0.2	1.1
1957	0.6	-0.1	0.2	0.2	-0.7	0.2	0.2	-0.5	-0.9	0	-1	-0.3
1958	-1.9	-0.5	0.3	0.4	-0.5	0.3	0.4	0.9	-0.3	0.1	-0.4	-0.6
1959	-0.9	-1.4	1.3	0.4	0.5	-0.1	-0.3	-0.1	0	0.5	0.9	0.9
1960	0.1	0.1	1	0.8	0.5	0.1	0.5	0.8	0.7	0.1	0.5	0.8
1961	-0.3	0.9	-1.8	0.8	0.3	0.1	0.2	0.2	0.1	-0.3	0.5	1.5
1962	2	-0.3	0.1	0.2	1.1	0.7	0.1	0.6	0.4	1	0.3	0.2
1963	1	0.6	1.1	0.8	0.4	-0.5	-0.1	0	-0.6	-1.2	-0.8	-1.2
1964	-0.4	0	1.1	1.1	0.2	0.8	0.6	1.5	1.3	1.3	0.2	-0.3
1965	-0.4	0.4	0.8	-0.5	0.2	-0.6	-1.8	-0.7	-1.3	-0.9	-1.5	0.2
1966	-1.3	-0.2	-0.9	-0.2	-0.4	0.3	0.1	0.6	-0.2	-0.1	0	-0.3
1967	1.7	1.7	1.2	0	0	0.6	0.2	0.7	0.5	0.1	-0.4	-0.6
1968	0.5	1.3	0.1	0	1.2	1.1	0.7	0.3	-0.3	-0.1	-0.3	0.2
1969	-1.5	-0.5	0.4	-0.4	-0.2	0.2	-0.5	-0.1	-1	-0.9	-0.1	0.4
1970	-1.1	-1	0.6	-0.1	0.4	1	-0.4	0.6	1.2	1	1.6	1.9
1971	0.4	2	2.3	1.7	0.9	0.4	0.2	1.5	1.4	1.7	0.5	0.3
1972	0.5	1.1	0.6	-0.1	-1.6	-0.5	-1.4	-0.5	-1.4	-0.9	-0.3	-1.3
1973	-0.3	-1.4	0.7	0.1	0.4	1.1	0.6	1.3	1.2	0.8	2.6	1.8
1974	2.4	2.1	2.4	0.9	1	0.4	1.1	0.8	1.1	0.9	-0.1	0.2
1975	-0.5	0.8	1.6	1.2	0.6	1.3	1.9	2	2.1	1.7	1.2	2.1
1976	1.4	1.7	1.7	0.3	0.4	0.3	-0.9	-0.8	-1.1	0.4	0.7	-0.3
1977	-0.4	1.2	-0.5	-0.4	-0.5	-0.9	-1.1	-0.8	-0.8	-1	-1.3	-1.1
1978	-0.3	-2.7	-0.2	-0.3	1.4	0.7	0.6	0.4	0.1	-0.4	0	-0.1
1979	-0.4	1	0.1	-0.1	0.5	0.6	1.3	-0.2	0.1	-0.1	-0.4	-0.7
1980	0.4	0.3	-0.4	-0.6	0	0	0	0.4	-0.5	0	-0.3	-0.1
1981	0.4	-0.2	-1.3	-0.1	0.8	1.2	0.8	0.7	0.3	-0.4	0.2	0.5
1982	1.2	0.3	0.6	0.1	-0.3	-1	-1.5	-1.7	-1.7	-1.7	-2.6	-2.2
1983	-3.5	-3.6	-2.4	-0.9	0.6	0	-0.6	0.1	0.9	0.4	-0.1	0
1984	0.2	0.9	-0.2	0.3	0.2	-0.3	0.2	0.4	0.1	-0.3	0.3	-0.1
1985	-0.3	1.2	0.8	1.2	0.4	-0.4	-0.1	1	0	-0.4	-0.2	0.2
1986	1	-1	0.5	0.3	-0.2	1	0.3	-0.4	-0.5	0.6	-1.2	-1.4
1987	-0.7	-1.2	-1.3	-1.4	-1.3	-1.1	-1.4	-0.9	-1	-0.4	0	-0.5
1988	-0.1	-0.4	0.6	0.1	0.9	0.1	1	1.5	1.8	1.4	1.7	1.2
1989	1.5	1.2	1.1	1.6	1.2	0.7	0.9	-0.3	0.5	0.8	-0.2	-0.5
1990	-0.1	-1.8	-0.4	0.2	1.2	0.3	0.5	-0.2	-0.7	0.3	-0.5	-0.2
1991	0.6	0.3	-0.7	-0.6	-1	-0.1	0	-0.4	-1.5	-1	-0.7	-1.8
1992	-2.9	-0.9	-2	-1	0.3	-0.6	-0.6	0.4	0.1	-1.4	-0.7	-0.6
1993	-0.9	-0.7	-0.5	-1.2	-0.3	-0.8	-0.8	-0.9	-0.7	-1.1	-0.1	0.2
1994	-0.1	0.3	-0.7	-1.3	-0.7	-0.4	-1.3	-1.2	-1.6	-1.1	-0.6	-1.2
1995	-0.4	-0.1	0.8	-0.7	-0.4	0.1	0.4	0.3	0.3	0	0	-0.5
1996	1	0.3	1.1	0.8	0.3	1.2	0.7	0.7	0.6	0.6	-0.1	0.9
1997	0.5	1.7	-0.4	-0.6	-1.3	-1.4	-0.8	-1.4	-1.4	-1.5	-1.2	-1
1998	-2.7	-2	-2.4	-1.4	0.3	1	1.2	1.2	1	1.1	1	1.4
1999	1.8	1	1.3	1.4	0.2	0.3	0.5	0.4	-0.1	1	1	1.4
2000	0.7	1.7	1.3	1.2	0.4	-0.2	-0.2	0.7	0.9	1.1	1.8	0.8
2001	1	1.7	0.9	0.2	-0.5	0.3	-0.2	-0.4	0.2	0	0.7	-0.8
2002	0.4	1.1	-0.2	-0.1	-0.8	-0.2	-0.5	-1	-0.6	-0.4	-0.5	-1.1
2003	-0.2	-0.7	-0.3	-0.1	-0.3	-0.6	0.3	0.1	-0.1	0	-0.3	1.1
2004	-1.3	1.2	0.4	-0.9	1	-0.8	-0.5	-0.3	-0.3	-0.1	-0.7	-0.8
2005	0.3	-3.1	0.3	-0.6	-0.8	0.4	0.2	-0.3	0.4	1.2	-0.2	0
2006	1.7	0.1	1.8	1.1	-0.5	-0.2	-0.6	-1	-0.6	-1.3	0.1	-0.3
2007	-0.8	-0.1	0.2	-0.1	-0.1	0.5	-0.3	0.4	0.2	0.7	0.9	1.7
2008	1.8	2.6	1.4	0.7	-0.1	0.1	0.3	1	1.2	1.3	1.3	1.4
2009	1.1	1.9	0.4	0.8	-0.1	0.1	0.2	-0.2	0.3	-1.2	-0.6	-0.7
2010	-1.1	-1.5	-0.7	1.2	0.9	0.4	1.8	1.8	2.2	1.7	1.3	2.6
2011	2.3	2.7	2.5	1.9	0.4	0.2	1	0.4	1	0.8	1.1	2.5
2012	1.1	0.5	0.7	-0.3	0	-0.4	0	-0.2	0.2	0.3	0.3	-0.6
2013	-0.1	-0.2	1.5	0.2	0.8	1.2	0.8	0.2	0.3	-0.1	0.7	0.1
2014	0	0.1	-0.9	0.8	0.5	0.2	-0.2	-0.7	-0.7	-0.6		
Media	0.11	0.21	0.31	0.16	0.14	0.19	0.10	0.18	0.03	0.11	0.07	0.11

Víctor Rogelio Tirado Picado

Ingeniero Agrícola de la Facultad de Tecnología de la Construcción, especialista en diseños hidrosanitario, acueductos y alcantarillado sanitarios, hidrotécnicos viales, adelanto estudios en Gerencia de Proyectos de Desarrollo en la Universidad Nacional de Ingeniería y obtuvo el grado Maestro en Gerencia de Proyecto de Desarrollo. En la Facultad de Tecnología de la Construcción se desempeñó como profesor de laboratorio de hidráulica entre 2004-2007, y desde 2003 ha sido profesor de diversos cursos de pregrado en las carreras de Ingeniería Civil, Agrícola y Arquitectura, entre ellos Ingeniería Sanitaria, Obras
Hidráulicas, Hidrología, Hidrogeología, Instalaciones Hidrosanitarios, Investigación Aplicada, Estática, Mecánica de Suelos, Dibujo y Geometría Descriptiva, y Formulación de Proyectos.

Durante su trayectoria profesional ha realizado importantes trabajos como ingeniero consultor e investigador en diferentes proyectos de ingeniería hidráulica y ambiental, ha formado parte de tribunal examinador en diferentes trabajos monográficos de Ingeniería Civil. Actualmente es responsable de Investigación en el Departamento de Construcción de la Facultad de Ciencias e Ingenierías UNAN-Managua. Graduado de Doctor en Ingeniería, con especialidad en el diseño de filtros como proceso de potabilización de agua en pequeños comunidades, en Atlantic International University. Y ha publicado prestigiosos trabajos ingenieril de interés nacional, entre la cual se destacan trabajos de investigación, ensayo y libros.

Printed in the United States
By Bookmasters